# 解析力学

## 力学をより深く理解するために

綿村 哲［著］

17

フロー式
**物理演習**
シリーズ

須藤彰三
岡　真
［監修］

共立出版

# 刊行の言葉

物理学は，大学の理系学生にとって非常に重要な科目ですが，“難しい”という声をよく聞きます．一生懸命，教科書を読んでいるのに分からないと言うのです．そんな時，私たちは，スポーツや楽器（ピアノやバイオリン）の演奏と同じように，教科書でひと通り“基礎”を勉強した後は，ひたすら（コツコツ）“練習（トレーニング）”が必要だと答えるようにしています．つまり，1つ物理法則を学んだら，必ずそれに関連した練習問題を解くという学習方法が，最も物理を理解する近道であると考えています．

現在，多くの教科書が書店に並んでいますが，皆さんの学習に適した演習書（問題集）は，ほとんど見当たりません．そこで，毎日1題，1ヵ月間解くことによって，各教科の基礎を理解したと感じることのできる問題集の出版を計画しました．この本は，重要な例題30問とそれに関連した発展問題からなっています．

物理学を理解するうえで，もう1つ問題があります．物理学の言葉は数学で，多くの“等号（=）”で式が導出されていきます．そして，その等号1つひとつが単なる式変形ではなく，物理的考察が含まれているのです．それも，物理学を難しくしている要因であると考えています．そこで，この演習問題の中の例題では，フロー式，つまり流れるようにすべての導出の過程を丁寧に記述し，等号の意味がわかるようにしました．さらに，頭の中に物理的イメージを描けるように図を1枚挿入することにしました．自分で図に描けない所が，わからない所，理解していない所である場合が多いのです．

私たちは，良い演習問題を毎日コツコツ解くこと，それが物理学の学習のスタンダードだと考えています．皆さんも，このことを実行することによって，驚くほど物理の理解が深まることを実感することでしょう．

須藤 彰三

岡 真

# まえがき

はじめてラグランジアンという言葉が出てきたとき，「これ何？」というのがまず最初の感想だろう．その背後に大きな世界が広がっていることを後になって感じるのである．大学に入って最初に学ぶ力学は，高校までの力学の延長上にある．そこでは，ニュートン方程式が中心であり，エネルギーや運動量といった概念に何か変更があるわけではなく，微分・積分という道具を積極的に使ってどのように運動方程式を解くか，またベクトルなどを使っていかに空間中の運動を記述するかという議論が行われる．一方，解析力学は力学コース履修の後，通常電磁気の知識などもある程度得た頃に学ぶことになる．それでも，突然ラグランジアンに始まり，変分原理や対称性などが登場して多くの学生が戸惑うことになる．この解析力学に入るときのギャップは，それが何か新しい物理現象を説明しようとしているわけではなく，新しい概念と物理に対する考え方を導入しようとしているためと言える．しかし，そこに現れる概念は電磁気学や量子力学，または相対論さらには場の理論といった理論の定式化に重要な役割を果たし，さらに現代物理における新理論の研究の基礎となる．

解析力学は大きく分けて 3 種類の運動方程式の解法を与える．それらは，ラグランジュ形式，ハミルトン形式，そしてハミルトン・ヤコビの理論と呼ばれ，それぞれに特徴があり，応用も多岐にわたる．ラグランジュ形式はニュートン方程式をより一般的な座標で書くことができるようにしたもので，得られる運動方程式はラグランジュ方程式であり，連立 2 階微分方程式になる．そこで使われるラグランジアンでは対称性が見やすく，また逆に対称性によってラグランジアンの形を制限することが可能であり，考えている現象のモデルや理論を探すのに役立つ．ハミルトン形式は，正準形式とも呼ばれ，変数を 2 倍にすることで運動方程式が連立 1 階微分方程式になる．時間を特別扱いすることから，相対論などに応用するには工夫が必要だが，正準変換と呼ばれるより広い力学変数間の変換を考えることで，力学的性質の解析の幅が広がる．また，量子化にはポアッソン括弧を経由するのが常套手段である．ハミルトン・ヤコビの理論は中でもユニークで，すべては一つの偏微分方程式の解から得ることができる．ハミルトン・ヤコビ方程式は特に，量子力学の波動方程式の古典近似として現れる方程式として紹介されることが多い．

この問題集はそれぞれに関して基本的な理解を深める問題を集めたつもりである．まずラグランジュ形式を取り上げる．ラグランジュ形式の優れたところは，デカルト座標を基準にして書かれたニュートン方程式に比べて，様々な座標での方程式を統一的に扱えることである．特に，運動を記述する力学変数として様々なパラメータを採用することが可能で，応用範囲は非常に広く，典型的な問題をできるだけ広く取り上げた．また，拘束系の問題や対称性に関しても，いくつか典型的な問題を取り上げた．次にハミルトン形式については例として，量子力学でよく扱われる問題を中心に取り上げた．また，ハミルトン形式の応用であり，回転対称性などの議論の入口としてコマの運動への応用を取り上げた．ハミルトン・ヤコビの理論については，量子力学を学ぶときの助けになると思われる問題をいくつか取り上げた．一方，拘束系に関しては，ラグランジュの未定係数法に関する項目だけで，ゲージ理論などで使われる正準形式に関する部分は，この問題集では取り上げることができなかった．また，剛体の回転運動と群論の関係も有用なのだが議論できなかった．以上のように取り上げる問題の取捨選択を行ったが，分野が広範にわたるため，例題をシリーズの基準である 30 問で尽くすことは難しかった．

大学院においては，たとえ物理を専門に学ぶ学生であったとしても，それぞれの専門に必要な理論の理解に力がそそがれ，その中で解析力学の手法が基礎として現れることがあっても，解析力学そのものが改めて講義されることはあまりない．この問題集が，解析力学のより深い理解に役立てば幸いである．

2022 年 12 月　　　　綿村　哲

# 目次

重要度
★

# 1 ニュートン方程式と座標変換

解析力学では座標変換が非常に重要な役割を持つ．ここでは，様々な座標系におけるニュートン方程式を求める．

## 《内容のまとめ》

ニュートン方程式

古典力学では粒子の運動は，運動の第二法則として与えられた微分方程式，いわゆるニュートン方程式によって定められる．ニュートン方程式は，質量が $m$ の点粒子に働く力 $\boldsymbol{F}$ と加速度 $\boldsymbol{a}$ の間に比例関係

$$m\boldsymbol{a} = \boldsymbol{F} \tag{1.1}$$

があることを表している．さらに力が保存力の場合には，位置座標 $\boldsymbol{r}$ の関数であるポテンシャル $V(\boldsymbol{r})$ が存在し，力はその勾配 (gradient) で $\boldsymbol{F} = -\nabla V$ と与えられる．よって運動方程式は

$$m\boldsymbol{a} = -\nabla V \tag{1.2}$$

と書き表すことができる．ここで，$\boldsymbol{r}$ はデカルト座標（または直交座標）で表された位置ベクトル，加速度は $\boldsymbol{a} = \ddot{\boldsymbol{r}}$，およびナブラ $\nabla$ は勾配を与える微分演算子で，それぞれ成分を列ベクトルとして

$$\boldsymbol{r} = \begin{pmatrix} x \\ y \\ z \end{pmatrix}, \quad \boldsymbol{a} = \ddot{\boldsymbol{r}} = \begin{pmatrix} \ddot{x} \\ \ddot{y} \\ \ddot{z} \end{pmatrix}, \quad \nabla = \begin{pmatrix} \frac{\partial}{\partial x} \\ \frac{\partial}{\partial y} \\ \frac{\partial}{\partial z} \end{pmatrix} \tag{1.3}$$

と表す．ただし，$\dot{f}$ は関数 $f$ の時間微分 $\frac{df}{dt}$ を表し $\ddot{\boldsymbol{r}} = \frac{d^2\boldsymbol{r}}{dt^2}$ である．

### 座標変換

ニュートン方程式 (1.1) のような力と座標の時間による 2 階微分（加速度）の比例関係は，デカルト座標系のみで成り立つ法則である．ここで，3 次元のデカルト座標系は，幾何学的には図 1.1, 1.2 のように $x, y, z$-座標をとった直交座標系で，基底ベクトルを $\boldsymbol{e}_x, \boldsymbol{e}_y, \boldsymbol{e}_z$ とする．図には，円筒座標と極座標のそれぞれの座標と対応した基底の幾何学的定義を与えてある．他の座標系における運動方程式は，ニュートン方程式を座標変換することで求まる．円筒座標と極座標への座標変換と，それぞれの座標における運動方程式は次のようになる．

**円筒座標**　3 次元の円筒座標 $\rho, \phi, z$ とは図 1.1 のような座標で，デカルト座標からの変換式とニュートン方程式はそれぞれ以下のようになる．

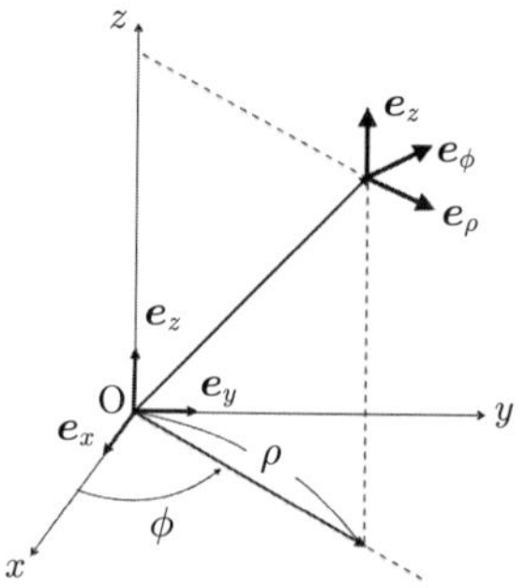


図 1.1: 円筒座標

変換式：

$$x = \rho \cos\phi\ ,\quad y = \rho \sin\phi\ ,\quad z = z\ . \tag{1.4}$$

ニュートン方程式：

$$\begin{cases} m(\ddot{\rho} - \rho\dot{\phi}^2) & = -\frac{\partial V}{\partial \rho}\ , \\ m(\rho\ddot{\phi} + 2\dot{\rho}\dot{\phi}) & = -\frac{\partial V}{\rho \partial \phi}\ , \\ m\ddot{z} & = -\frac{\partial V}{\partial z}\ . \end{cases} \tag{1.5}$$

**極座標**　3 次元の極座標 $r, \theta, \phi$ とは図 1.2 のような座標で，デカルト座標からの変換式とニュートン方程式は以下のようになる．
変換式：

$$x = r\sin\theta\cos\phi\ ,\quad y = r\sin\theta\sin\phi\ ,\quad z = r\cos\theta\ . \tag{1.6}$$

ニュートン方程式：

$$\begin{cases} m(\ddot{r} - r\dot{\theta}^2 - r\dot{\phi}^2\sin^2\theta) &= -\frac{\partial V}{\partial r}\ , \\ m(r\ddot{\theta} + 2\dot{r}\dot{\theta} - r\dot{\phi}^2\sin\theta\cos\theta) &= -\frac{\partial V}{r\partial\theta}\ , \\ m(r\ddot{\phi}\sin\theta + 2\dot{r}\dot{\phi}\sin\theta + 2r\dot{\theta}\dot{\phi}\cos\theta) &= -\frac{\partial V}{r\sin\theta\partial\phi}\ . \end{cases} \tag{1.7}$$

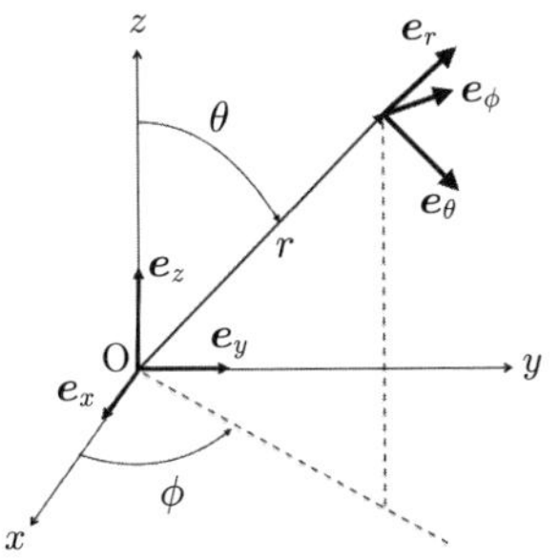


図 1.2: 極座標

## 座標系と基底

座標変換を行った場合，それぞれの座標に付随した基底を考えることができる．座標変換の例として挙げた円筒座標と極座標のデカルト座標系による列ベクトル表示を与えておく．最初に，デカルト座標の基底の列ベクトル表示は

$$\boldsymbol{e}_x = \begin{pmatrix} 1 \\ 0 \\ 0 \end{pmatrix}\ ,\quad \boldsymbol{e}_y = \begin{pmatrix} 0 \\ 1 \\ 0 \end{pmatrix}\ ,\quad \boldsymbol{e}_z = \begin{pmatrix} 0 \\ 0 \\ 1 \end{pmatrix} \tag{1.8}$$

である．他の座標に付随した基底の列ベクトル表示はそれぞれ次のようになる．

**円筒座標の基底**　円筒座標 $(\rho, \phi, z)$ に付随する直交基底 $(\boldsymbol{e}_\rho, \boldsymbol{e}_\phi, \boldsymbol{e}_z)$ は図 1.1

のようにとり，それぞれのベクトルは

$$\boldsymbol{e}_\rho = \begin{pmatrix} \cos\phi \\ \sin\phi \\ 0 \end{pmatrix}, \ \boldsymbol{e}_\phi = \begin{pmatrix} -\sin\phi \\ \cos\phi \\ 0 \end{pmatrix}, \ \boldsymbol{e}_z = \begin{pmatrix} 0 \\ 0 \\ 1 \end{pmatrix} \tag{1.9}$$

のように定義される．

**極座標の基底**　極座標 $(r, \theta, \phi)$ に付随する直交基底 $(\boldsymbol{e}_r, \boldsymbol{e}_\theta, \boldsymbol{e}_\phi)$ は図 1.2 のようにとり，それぞれのベクトルは

$$\boldsymbol{e}_r = \begin{pmatrix} \sin\theta\cos\phi \\ \sin\theta\sin\phi \\ \cos\theta \end{pmatrix}, \ \boldsymbol{e}_\theta = \begin{pmatrix} \cos\theta\cos\phi \\ \cos\theta\sin\phi \\ -\sin\theta \end{pmatrix}, \ \boldsymbol{e}_\phi = \begin{pmatrix} -\sin\phi \\ \cos\phi \\ 0 \end{pmatrix} \tag{1.10}$$

のように定義される．

円筒座標，極座標に付随した基底は共に直交基底になっている．

**外積と右手系**　3 次元では 2 つのベクトル $\boldsymbol{a}, \boldsymbol{b}$ の外積またはベクトル積 $\boldsymbol{a} \times \boldsymbol{b}$ を，大きさが $\boldsymbol{a}, \boldsymbol{b}$ の作る平行四辺形の面積であり，向きが $\boldsymbol{a}$ から $\boldsymbol{b}$ の向きに右ねじを回したときのねじの進む方向のベクトルと定義する．直交基底 $\boldsymbol{e}_i$ を，$i = 1, 2, 3$ と順序づけたとき，基底の外積が $\boldsymbol{e}_i \times \boldsymbol{e}_j = \boldsymbol{e}_k$（$i, j, k$ は $1, 2, 3$ の巡回）を満たすとき，右手系と呼ぶ．デカルト座標とその基底を図 1.1, 1.2 のようにとり，基底 $\boldsymbol{e}_i$ を $i = x, y, z$ と順序づけると右手系になる

## 例題 1　2 次元極座標のニュートン方程式

2 次元極座標 $\rho, \phi$ は図 1.3 のような座標で，デカルト座標との関係は

$$x = \rho\cos\phi\ , \quad y = \rho\sin\phi$$

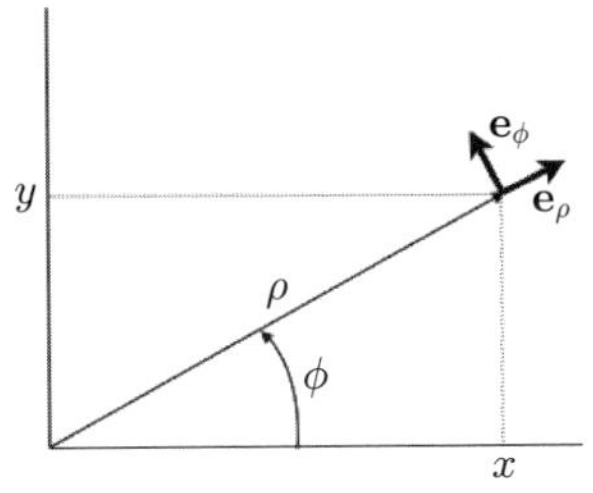


図 1.3

である．この座標に付随する基底 $\boldsymbol{e}_\rho$, $\boldsymbol{e}_\phi$ は，$(\rho, \phi)$ が定まると，その位置からそれぞれが増加する方向の単位ベクトルであり

$$\boldsymbol{e}_\rho = \begin{pmatrix} \cos\phi \\ \sin\phi \end{pmatrix}, \quad \boldsymbol{e}_\phi = \begin{pmatrix} -\sin\phi \\ \cos\phi \end{pmatrix}$$

と定義される．位置ベクトル $\boldsymbol{r} = \begin{pmatrix} x \\ y \end{pmatrix}$ が $\boldsymbol{r} = \rho\boldsymbol{e}_\rho$ と書けることを使って，以下の問いに答えよ．

(a) 速度ベクトル $\dot{\boldsymbol{r}}$ と加速度ベクトル $\ddot{\boldsymbol{r}}$ を $(\rho, \phi)$ で表せ．

(b) 微分演算子 $\nabla$ の 2 次元極座標における表示を求め，ポテンシャル $V(x, y)$ が与えられたときの力のベクトルを極座標で表せ．

(c) 2 次元極座標のニュートン方程式を導け．

### 考え方

このような座標変換は，ニュートン方程式が微分方程式の組であると考え，その微分方程式の変数変換と考えれば機械的な作業である．ただし，闇雲に行うと複雑で，特に加速度の計算は見通しが悪い．極座標の場合，新しい座標系における直交座標基底を導入すると加速度も比較的簡単に求めることができる．

## ‖解答‖

(a) 速度ベクトルおよび加速度ベクトルは，位置ベクトル $\boldsymbol{r}$ を時間微分すればよい．まず 2 次元極座標の基底 $\boldsymbol{e}_\rho$ と $\boldsymbol{e}_\phi$ の時間微分を求めると

$$\dot{\boldsymbol{e}}_\rho = \dot{\phi}\boldsymbol{e}_\phi \ , \quad \dot{\boldsymbol{e}}_\phi = -\dot{\phi}\boldsymbol{e}_\rho$$

となる．これらの関係式を使うと，速度ベクトルは

$$\dot{\boldsymbol{r}} = \dot{\rho}\boldsymbol{e}_\rho + \rho\dot{\boldsymbol{e}}_\rho = \dot{\rho}\boldsymbol{e}_\rho + \rho\dot{\phi}\boldsymbol{e}_\phi \ .$$

もう一度微分すると加速度ベクトルが

$$\ddot{\boldsymbol{r}} = (\ddot{\rho} - \rho\dot{\phi}^2)\boldsymbol{e}_\rho + (2\dot{\rho}\dot{\phi} + \rho\ddot{\phi})\boldsymbol{e}_\phi$$

のように求まる．ここで，$\boldsymbol{e}_\rho$ の係数が動径方向の加速度であり，$\boldsymbol{e}_\phi$ の係数が回転方向の加速度である．

(b) ポテンシャルは座標変換の式を代入して得られる $V(x(\rho,\phi), y(\rho,\phi))$ を $\rho, \phi$ の関数と考えたものに置き換える．このポテンシャルから円柱座標での力を求めるためにはナブラ $\nabla$ に関する座標変換を実行しなければならない．合成関数の微分法則から次のようになる：

$$\begin{cases} \dfrac{\partial}{\partial\rho} = \dfrac{\partial x}{\partial\rho}\dfrac{\partial}{\partial x} + \dfrac{\partial y}{\partial\rho}\dfrac{\partial}{\partial y} \ , \\ \dfrac{\partial}{\partial\phi} = \dfrac{\partial x}{\partial\phi}\dfrac{\partial}{\partial x} + \dfrac{\partial y}{\partial\phi}\dfrac{\partial}{\partial y} \ . \end{cases}$$

座標変換の式を代入して，上の式を行列の形にまとめると

$$\begin{pmatrix} \frac{\partial}{\partial\rho} \\ \frac{\partial}{\rho\partial\phi} \end{pmatrix} = \begin{pmatrix} \cos\phi & \sin\phi \\ -\sin\phi & \cos\phi \end{pmatrix} \begin{pmatrix} \frac{\partial}{\partial x} \\ \frac{\partial}{\partial y} \end{pmatrix}$$

となるので，逆行列を両辺に掛けると

**ワンポイント解説**

・ベクトルの微分はそれぞれの成分を微分する．

・それぞれの項の微分は $\frac{d}{dt}(\rho\boldsymbol{e}_\rho) = \dot{\rho}\boldsymbol{e}_\rho + \rho\dot{\boldsymbol{e}}_\rho$ のようにライプニッツ則を使って展開していけばよい．

・この式はポテンシャルの微分 $\frac{\partial V}{\partial\rho} = \frac{\partial x}{\partial\rho}\frac{\partial V}{\partial x} + \frac{\partial y}{\partial\rho}\frac{\partial V}{\partial y}$ の微分演算子の部分だけを書いている．

・ここで，$\phi$ 微分に $\rho$ をつけるのは，微分の次元を長さの逆数に揃えることによって右辺の行列が直行行列になり，逆行列がとりやすくなるため．

$$\begin{pmatrix} \frac{\partial}{\partial x} \\ \frac{\partial}{\partial y} \end{pmatrix} = \begin{pmatrix} \cos\phi & -\sin\phi \\ \sin\phi & \cos\phi \end{pmatrix} \begin{pmatrix} \frac{\partial}{\partial \rho} \\ \frac{\partial}{\rho\partial \phi} \end{pmatrix}$$

を得る．これは，極座標の基底を使って書き直すと

$$\nabla = \boldsymbol{e}_\rho \frac{\partial}{\partial\rho} + \boldsymbol{e}_\phi \frac{\partial}{\rho\partial\phi}$$

・$\boldsymbol{e}_\rho$ と $\boldsymbol{e}_\phi$ を代入してベクトルの和をとって成分表示と比較してみよう．

と書けることがわかる．力はポテンシャル $V$ を $\nabla$ で微分したものなので，

$$\boldsymbol{F} = -\frac{\partial V}{\partial\rho}\boldsymbol{e}_\rho - \frac{\partial V}{\rho\partial\phi}\boldsymbol{e}_\phi \ .$$

・このように，動径方向と回転方向の基底 $\boldsymbol{e}_\rho$ と $\boldsymbol{e}_\phi$ に分解した形が出てくる．

(c) $m\ddot{\boldsymbol{r}} = \boldsymbol{F}$ に設問 (a), (b) で求めた 2 次元極座標で書き表した式を代入すると

$$m(\ddot{\rho} - \rho\dot{\phi}^2)\boldsymbol{e}_\rho + m(2\dot{\rho}\dot{\phi} + \rho\ddot{\phi})\boldsymbol{e}_\phi = -\frac{\partial V}{\partial\rho}\boldsymbol{e}_\rho - \frac{\partial V}{\rho\partial\phi}\boldsymbol{e}_\phi$$

となる．$\boldsymbol{e}_\rho$ と $\boldsymbol{e}_\phi$ の係数をそれぞれ比べると，この座標系におけるニュートン方程式

$$\begin{cases} m(\ddot{\rho} - \rho\dot{\phi}^2) &= -\frac{\partial V}{\partial\rho} \ , \\ m(2\dot{\rho}\dot{\phi} + \rho\ddot{\phi}) &= -\frac{\partial V}{\rho\partial\phi} \end{cases}$$

を得る．

## 例題 1 の発展問題

**1-1.** 3 次元円筒座標における運動方程式 (1.5) を導出せよ．

**1-2.** 3 次元極座標における運動方程式 (1.7) を導出せよ．

**1-3.** 極座標の基底を $(\boldsymbol{e}_r, \boldsymbol{e}_\theta, \boldsymbol{e}_\phi)$ と順序づけると右手系になる，つまり，基底間の外積が

$$\boldsymbol{e}_r \times \boldsymbol{e}_\theta = \boldsymbol{e}_\phi \ , \ \boldsymbol{e}_\theta \times \boldsymbol{e}_\phi = \boldsymbol{e}_r \ , \ \boldsymbol{e}_\phi \times \boldsymbol{e}_r = \boldsymbol{e}_\theta$$

となることを示せ．

重要度
★★★★★

# 2 ラグランジュ形式

ラグランジュ形式を使うと，座標変換が簡単に行え，様々な座標を用いた運動方程式が統一的に扱える．

## 《 内容のまとめ 》

### ラグランジュ方程式

ラグランジュ形式では，座標 $q_i$ とその時間微分（速度）$\dot{q}_i$ の関数であるラグランジアン $L$ が基本量であり 1 粒子系では

$$L = L(q_1, q_2, q_3, \dot{q}_1, \dot{q}_2, \dot{q}_3) \tag{2.1}$$

である．一般には時間を顕わに含む場合も考え

$$L = L(q_1, q_2, q_3, \dot{q}_1, \dot{q}_2, \dot{q}_3, t) \tag{2.2}$$

と書く．ラグランジュの運動方程式，または単にラグランジュ方程式は

$$\frac{d}{dt}\frac{\partial L}{\partial \dot{q}_i} = \frac{\partial L}{\partial q_i} \tag{2.3}$$

と書き表すことができる．ただし，添え字 $i$ は座標を区別するラベルで，座標 $q_i$ と速度 $\dot{q}_i$ による偏微分は，それぞれを独立な変数として偏微分をとることを意味する．

### ニュートン方程式とラグランジアン

ニュートン方程式 (1.2) を与えるラグランジアン $L$ は，デカルト座標で与えられた運動エネルギー $T$ とポテンシャルエネルギー $V$ を使って

$$L = T - V \tag{2.4}$$

と定義される．力学変数 $q_i$ は粒子のデカルト座標 $q_1 = x$，$q_2 = y$，$q_3 = z$ にとる．デカルト座標での運動エネルギーは

$$T = \frac{1}{2}m\sum_{i=1}^{3}\dot{q}_i^2 = \frac{1}{2}m(\dot{x}^2 + \dot{y}^2 + \dot{z}^2) \tag{2.5}$$

であり，ポテンシャルエネルギーは座標の関数 $V(q)$ とする[1]．このとき，ラグランジュ方程式は

$$m\ddot{q}_i = -\frac{\partial V}{\partial q_i} \tag{2.6}$$

となり，変数 $q_i$ $(i = 1,2,3)$ をデカルト座標 $x, y, z$ で書き表せば，ニュートンの運動方程式と一致する．

### 一般化座標と一般化力

ラグランジアンを使った方法の利点は，粒子の位置をデカルト座標以外で表しても運動方程式がラグランジュ方程式 (2.3) で与えられることである．一般にデカルト座標ではなくとも，粒子の位置を定めるパラメータを**一般化座標**と呼ぶ．ラグランジアンがこれらのパラメータ $q_i$ とその時間微分である**一般化速度** $\dot{q}_i$ で与えられると，ラグランジュ方程式は $q_i$ がどのような一般化座標であっても正しい運動方程式を与えるのである．

力は，その力のする仕事 $W$ の，変位に関する応答と見ることができる．同様に一般化座標の変位 $\delta q_i$ に関する応答 $F_i$：

$$\delta W = \sum_{i=1}^{3} F_i \delta q_i \tag{2.7}$$

を**一般化力**と呼ぶ．一般化力により受ける仕事のエネルギーは，その経路 $C$ に沿った線積分

[1] 以下 $V(q)$ のように変数として添え字を落とした場合，ここでは $q$ は集合 $\{q_i\} = \{q_1, q_2, q_3\}$ を表すとする．よって，$V(q)$ は $V(q_1, q_2, q_3)$ を意味する．

$$V := -\int_C \sum_{i=1}^{3} F_i dq_i \tag{2.8}$$

で与えられるが保存力の場合，始点を決めれば積分経路によらず $V$ は終点の関数としてポテンシャルエネルギーを与える．

## 例題 2　1 次元調和振動子のラグランジアン

ばねにつながれた質量 $m$ のおもりを考える．おもりは $x$ 軸方向にのみ動くことができるとする．ばねの平衡点を原点 $x = 0$ にとると，力はフックの法則に従い $F = -kx$ である．ただし，ばねの質量および重力は考えない．

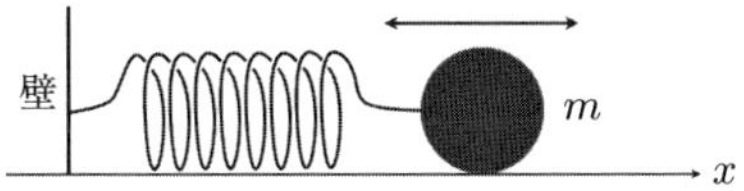


図 2.1

(a) ポテンシャルエネルギー $V(x)$ を求めよ．
(b) ラグランジアンを書け．
(c) ラグランジュ方程式を求めよ．

---

### 考え方

発展問題も含めて基本的なラグランジアンの例である．粒子の位置を指定するのに必要なパラメータの数を次元と呼ぶ．次元が異なってもラグランジアンの基本形は式 (2.4) である．問題では粒子の位置座標が $x$（発展問題では $z$）の 1 次元デカルト座標なので，運動エネルギーは標準形でよい．よって，問題はポテンシャルを求めれば解ける．

### ‖解答‖

(a) ポテンシャルは，

$$V(x) = -\int F(x)dx = \int kx\,dx$$

である．この積分を実行すると

$$V(x) = \frac{1}{2}kx^2 + C.$$

ただし，$C$ は任意定数で以下では 0 にとる．

(b) ラグランジアンの定義から

**ワンポイント解説**

・負符号があることに注意．

・ポテンシャルエネルギーの基準点を決めている．

$$L = T - V = \frac{1}{2}m\dot{x}^2 - \frac{1}{2}kx^2.$$

(c) ラグランジュ方程式は

$$\frac{\partial L}{\partial \dot{x}} = m\dot{x}.$$

より

$$\frac{d}{dt}\frac{\partial L}{\partial \dot{x}} = \frac{d}{dt}m\dot{x} = \frac{\partial L}{\partial x} = -kx.$$

よって，ラグランジュ方程式は，

$$m\ddot{x} = -kx$$

となり調和振動子の方程式を得る．

・$x$ と $\dot{x}$ による偏微分は，$x$ と $\dot{x}$ を互いに独立な変数として微分することを意味する．

## 例題 2 の発展問題

**2-1.** 質量 $m$ のおもりの運動について以下の問いに答えよ．ただし，おもりの大きさは無視してよく，鉛直方向の運動のみを考え座標を $z$ とし鉛直上向きを $z > 0$ とする．また重力加速度を $g$ とする．

(a) 自由落下する場合に，ラグランジュ方程式を書き運動を求めよ．

(b) おもりが原点から鉛直方向にばねにぶら下げられている場合のラグランジュ方程式を書き，運動を求めよ．ただし，ばねの質量は無視してよく，自然長を $\ell$，ばね定数を $k$ とする．

## 例題 3　振り子の運動

図 2.2 のように $x$-$y$ 平面内で振動する，長さ $l$，おもりの質量が $m$ の振り子がある．支点を原点として鉛直線（$y$ 軸）と紐のなす角度を $\theta$ とする．また重力加速度の大きさを $g$ とする．以下の問いに答えよ．

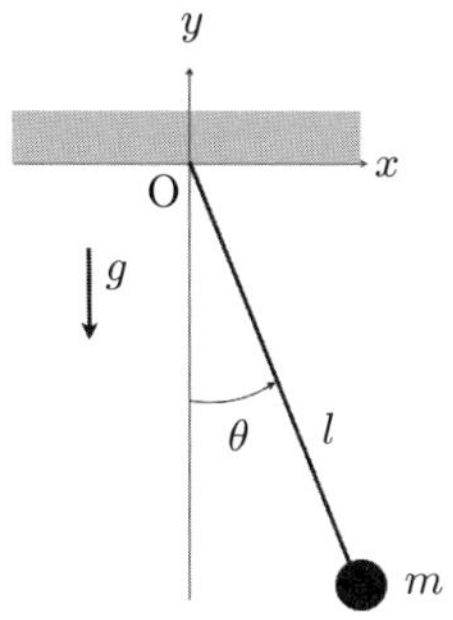


図 2.2

(a) 振り子の位置 $(x, y)$ と速度を $\theta(t)$ で表せ．さらに，運動エネルギーを求めよ．

(b) おもりが一番下にある状態を基準にして振り子のポテンシャルエネルギー $V$ を求めよ．

(c) ラグランジアンを求め，ラグランジュ方程式を書け．

---

### 考え方

デカルト座標ではない一般化座標を使った基本的問題である．この問題では $\theta$ が粒子の位置を与えるパラメータであり一般化座標の例になっている．処方箋に従ってラグランジアンを作っていく．ポテンシャルエネルギーはおもりの高さを $\theta$ を使って表せばよい．一方，運動エネルギーはおもりの速さを $\theta$ の時間微分で表す必要がある．これは，慣れてくれば極座標の応用と考えられるが，最初は以下に与える解答のようにデカルト座標に戻って考えるのがわかりやすい．

得られるラグランジュ方程式は，ニュートン方程式から導いた振り子の方程式に一致する．このようにラグランジュ形式では変数はデカルト座標である必要はなく，粒子の位置を指定するパラメータであれば正しい運動方程式を与える.

## ‖解答‖

(a) 水平方向を $x$ 軸，垂直方向を $y$ 軸とすると，おもりの座標は

$$x = l\sin\theta\ ,\ y = -l\cos\theta$$

なので，速度は

$$\dot{x} = l\dot{\theta}\cos\theta\ ,\ \dot{y} = l\dot{\theta}\sin\theta$$

である．よって運動エネルギーは

$$T = \frac{1}{2}m(\dot{x}^2 + \dot{y}^2) = \frac{1}{2}ml^2\dot{\theta}^2$$

となる.

(b) おもりの高さをつり合い点から計ると，位置エネルギーは

$$V = mgl(1 - \cos\theta)\ .$$

(c) ラグランジアンは

$$L = \frac{1}{2}ml^2\dot{\theta}^2 - mgl(1 - \cos\theta)$$

である．ラグランジュ方程式の各項は

$$\frac{d}{dt}\frac{\partial L}{\partial\dot{\theta}} = ml^2\ddot{\theta}\ ,\quad \frac{\partial L}{\partial\theta} = -mgl\sin\theta.$$

よって運動方程式は

$$ml^2\ddot{\theta} = -mgl\sin\theta$$

である．これを整理すると

$$\ddot{\theta} = -\omega^2\sin\theta\ ,\ \omega = \sqrt{\frac{g}{l}}$$

である.

**ワンポイント解説**

・極座標の速度を代入すると
$\dot{x}^2 + \dot{y}^2$
$= (l\dot{\theta}\cos\theta)^2$
$+(l\dot{\theta}\sin\theta)^2$
である.

・つり合い点は $\theta = 0$ であり，このとき $V = 0$ となるようにポテンシャルの定数項を決めた.

・両辺を $ml^2$ で割った.

## 例題 3 の発展問題

**3-1.** ラグランジアンを変数 $\theta$ の 2 次のオーダーまで，つまり $\theta, \dot{\theta}$ の 2 次関数で近似することによって，振り子の微小振動の運動方程式を求めよ．

## 例題 4　円筒座標のラグランジアン

(a) 第 1 章の式 (1.4) で与えられた円筒座標 $(\rho, \phi, z)$ において，質量 $m$ の粒子の運動エネルギーを求めよ．

(b) $z$ 軸方向の重力ポテンシャルが $V = mgz$ で与えられているとする．円筒座標系におけるラグランジアンからラグランジュ方程式を求めよ．

### 考え方

運動方程式をラグランジアンを使って表すことのメリットは，座標変換を行った後でも新しい座標に関して式 (2.3) が成り立つことである．そこで問題は，新しい座標で運動エネルギーとポテンシャルエネルギーを求めることに帰着する．デカルト座標から円筒座標への座標変換は式 (1.4) で与えられ，粒子の運動は円筒座標が $(\rho(t), \phi(t), z(t))$ のように時間に依存することで表されることになる．運動エネルギーを求めるには，速度ベクトル $\dot{\boldsymbol{r}} = (\dot{x}, \dot{y}, \dot{z})$ を $(\dot{\rho}, \dot{\phi}, \dot{z})$ を使って表し，デカルト座標での運動エネルギー

$$T = \frac{1}{2}m\dot{\boldsymbol{r}}^2 = \frac{1}{2}m(\dot{x}^2 + \dot{y}^2 + \dot{z}^2)$$

に代入すればよい．この計算においても，加速度の場合のように円筒座標の基底で考えればよいが，変換式の時間微分を直接計算してもそれほど煩雑にはならない．これに，ポテンシャルが与えられればラグランジアンが求まる．

ラグランジュの方程式を求めるときには，$q_i$ は円筒座標と思って計算する．つまり，式 (2.3) で

$$q_1 = \rho\ ,\quad q_2 = \phi\ ,\quad q_3 = z$$

とすればよい．

### 解答

(a) 速度ベクトルを円筒座標で表すために，座標変換の式を時間微分すると

**ワンポイント解説**

$$\dot{x} = \dot{\rho}\cos\phi - \rho\dot{\phi}\sin\phi\ ,\ \dot{y} = \dot{\rho}\sin\phi + \rho\dot{\phi}\cos\phi\ ,\ \dot{z} = \dot{z}$$

を得る．これをデカルト座標での運動エネルギーに代入すると

$$\begin{aligned} T &= \frac{1}{2}m(\dot{x}^2 + \dot{y}^2 + \dot{z}^2) \\ &= \frac{1}{2}m[(\dot{\rho}\cos\phi - \rho\dot{\phi}\sin\phi)^2 \\ &\qquad + (\dot{\rho}\sin\phi + \rho\dot{\phi}\cos\phi)^2 + \dot{z}^2]. \end{aligned}$$

この式を整理すると，円筒座標における運動エネルギーは

$$T = \frac{1}{2}m(\dot{\rho}^2 + \rho^2\dot{\phi}^2 + \dot{z}^2)$$

となる．

(b) ラグランジアンは，基本形 $L = T - V$ であり，

$$L = \frac{1}{2}m(\dot{\rho}^2 + \rho^2\dot{\phi}^2 + \dot{z}^2) - mgz$$

となる．$\rho$ に関するラグランジュの運動方程式 (2.3) の左辺は

・ラグランジュ方程式で，一般化座標として $q_1 = \rho$ をとる．

$$\frac{d}{dt}\frac{\partial L}{\partial\dot{\rho}} = \frac{d}{dt}m\dot{\rho} = m\ddot{\rho}.$$

一方，右辺は

$$\frac{\partial L}{\partial\rho} = m\rho\dot{\phi}^2.$$

・ポテンシャルに $\rho$ が入っていなくても，運動エネルギー $T$ の中に $\rho$ が入っていることを忘れない．

よって，運動方程式は

$$m\ddot{\rho} = m\rho\dot{\phi}^2$$

である．同様に $\phi$ に関して

$$\frac{d}{dt}\frac{\partial L}{\partial\dot{\phi}} = m\rho^2\ddot{\phi} + 2\rho\dot{\rho}\dot{\phi}.$$

・$\frac{\partial L}{\partial\dot{\phi}} = m\rho^2\dot{\phi}$，さらに $\frac{d}{dt}m\rho^2\dot{\phi} = m\rho^2\ddot{\phi} + 2\rho\dot{\rho}\dot{\phi}$.

一方，$\phi$ はラグランジアンに現れないので

$$\frac{\partial L}{\partial \phi} = 0.$$

よって，$\phi$ に関するラグランジュ方程式は

$$m\rho^2\ddot{\phi} + 2\rho\dot{\rho}\dot{\phi} = 0$$

である．最後に

$$\frac{d}{dt}\frac{\partial L}{\partial \dot{z}} = m\ddot{z}, \quad \frac{\partial L}{\partial z} = -mg$$

なので，$z$ に関するラグランジュ方程式は

$$m\ddot{z} = -mg$$

である．

## 例題 5　極座標のラグランジアン

(a) 極座標における質量 $m$ の粒子の運動エネルギーを求めよ．

(b) 中心力ポテンシャル $V(r)$ が与えられているとして，極座標表示のラグランジアンを書き，ラグランジュ方程式を求めよ．

### 考え方

前問の円筒座標と同種の問題だが，極座標のラグランジアンはケプラー問題などで必要となる基本的問題なのであえて例題として取り上げる．手順は，まず速度を座標変換の式の時間微分で求め，運動エネルギーを極座標で書く．ラグランジアンは $L = T - V$ で，運動方程式は公式どおりである．ここで，中心力ポテンシャルとは原点からの距離 $r$ だけで決まるポテンシャルのことである（例題 **11** 参照）．

### 解答

(a) 極座標への座標変換の式を微分することで速度を求めると

$$\begin{cases} \dot{x} = \dot{r}\sin\theta\cos\phi + r\dot{\theta}\cos\theta\cos\phi - r\dot{\phi}\sin\theta\sin\phi\ , \\ \dot{y} = \dot{r}\sin\theta\sin\phi - r\dot{\theta}\sin\theta\cos\phi + r\dot{\phi}\sin\theta\cos\phi\ , \\ \dot{z} = \dot{r}\cos\theta - r\dot{\theta}\sin\theta. \end{cases}$$

これを，運動エネルギーの定義式に代入すると

$$\begin{aligned} T &= \frac{1}{2}m(\dot{x}^2 + \dot{y}^2 + \dot{z}^2) \\ &= \frac{1}{2}m(\dot{r}^2 + r^2\dot{\theta}^2 + r^2\dot{\phi}^2\sin^2\theta). \end{aligned}$$

(b) ポテンシャルを $V$ とするとラグランジアンは

$$L = \frac{1}{2}m(\dot{r}^2 + r^2\dot{\theta}^2 + r^2\dot{\phi}^2\sin^2\theta) - V(r)$$

である．ラグランジュ方程式を求めるには，まず左辺の計算のために，ラグランジアンの速度微分を求めておくと

**ワンポイント解説**

・運動エネルギーの計算は発展問題 **1-2** のように極座標の基底で速度を求めれば，さらに見通しがよくなる．

$$\frac{\partial L}{\partial \dot{r}} = m\dot{r}\ , \quad \frac{\partial L}{\partial \dot{\theta}} = mr^2\dot{\theta}\ , \quad \frac{\partial L}{\partial \dot{\phi}} = mr^2\dot{\phi}\sin^2\theta$$

を得る．動径方向のラグランジュ方程式は

$$\frac{d}{dt}\frac{\partial L}{\partial \dot{r}} = \frac{d}{dt}(m\dot{r}) = \frac{\partial L}{\partial r}.$$

右辺を求めると

$$m\ddot{r} = mr(\dot{\theta}^2 + \dot{\phi}^2\sin^2\theta) - \frac{\partial V}{\partial r}.$$

同様に $\theta$ および $\phi$ についても

$$\frac{d}{dt}(mr^2\dot{\theta}) = \frac{\partial L}{\partial \theta} = mr^2\dot{\phi}^2\sin\theta\cos\theta\ ,$$
$$\frac{d}{dt}(mr^2\dot{\phi}\sin^2\theta) = \frac{\partial L}{\partial \phi} = 0\ .$$

左辺の時間微分を実行し整理すると，運動方程式 (1.7) を得る．

$\frac{\partial L}{\partial r}$ の計算のとき，ポテンシャルだけでなく運動エネルギーの中にも変数 $r$ が現れるので注意を要する．

ここでも，運動エネルギー項中の $\theta$ を見落とさないようにする．

## 例題 5 の発展問題

**5-1.** ［球面振り子］図 2.3 のように，半径が $R$ の球面のお椀の中に置かれた質量 $m$ のおもりの運動に関して以下の問いに答えよ．ただし，重りの大きさは無視でき，お椀との間に摩擦はないものとする．また重力加速度の大きさを $g$ とする．

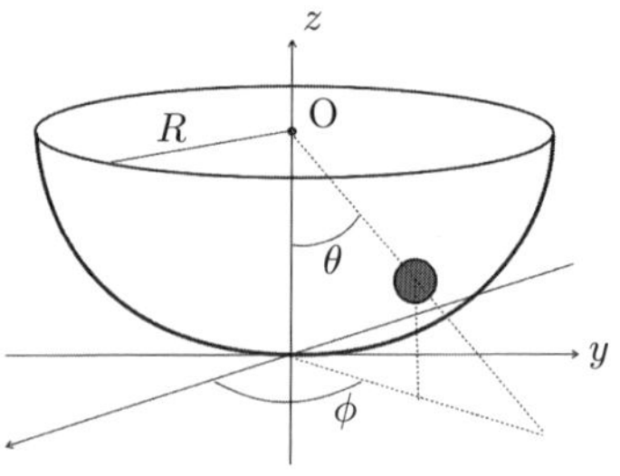


図 2.3

(a) 球面の中心を原点とする極座標を考え，おもりのラグランジアンと運動方程式を求めよ．ただし，おもりはお椀から離れることはないとし，動径を $r = R$ で一定としてよい．

(b) $\theta$ が一定で $0 < \theta < \frac{\pi}{2}$ となる解があることを示せ．この解はどのような運動を表すか？

(c) $\theta \ll 1$ として，$\theta$ の 2 次までのラグランジアンを求め，運動方程式を書け．$\dot{\phi} = 0$ となる解はどのような運動を表すか？

| 重要度 |
| --- |
| ★★★ |

# 3　一般の系のラグランジアン

ラグランジアンを使う方法は，多体系の運動方程式を求めるときにその威力を発揮する．これは，運動の自由度が増加し変数変換の自由度も大きくなるためである．この節では，さまざまな系にラグランジュ形式を応用する．

## 《 内容のまとめ 》

### 配位空間と一般化運動量

$N$ 個の粒子の運動の記述には，すべての粒子の位置座標，つまり $3N$ 個の座標の時間変化を与える必要がある．ラグランジュ形式では，この座標は **一般化座標**にとることができる，つまり $N$ 個の粒子の位置を指定するのに必要な $3N$ 個のパラメータ $q_i$ $(i = 1, \ldots, 3N)$ にとることができる．多体系のパラメータ $q_i$ には，極座標といった座標変換の他に**重心座標**といった変数を考えることもできる．一般に，$N$ 個の粒子の運動は $3N$ 次元の空間の 1 粒子の運動と考えることができ，一般化座標の取り方はこの $3N$ 次元空間の座標変換の自由度に相当する．この $3N$ 次元の空間を**配位空間**と呼び，一般化座標はこの配位空間の座標と考えられる．

粒子系のラグランジアン $L$ の標準形は，粒子の運動エネルギーの総和 $T$ とそれぞれの粒子に働く力と粒子間の力の与えるポテンシャルエネルギーの総和 $V$ を一般化座標と一般化速度で表すことで，

$$L = L(q, \dot{q}) = \text{全運動エネルギー}\, T - \text{全ポテンシャルエネルギー}\, V \tag{3.1}$$

のように与えられる[1]．このようにラグランジアンは一般に $q_i, \dot{q}_i$ $(i = 1, \ldots, 3N)$ の関数になる．

一般化座標 $q_i$ とラグランジアン $L$ が与えられたとき

$$p_i = \frac{\partial L}{\partial \dot{q}_i} \tag{3.2}$$

を**一般化運動量**または正準共役運動量，または単に共役運動量と呼ぶ．特に $q_i$ がデカルト座標で力が働かない自由粒子のときには，$p_i$ は通常の運動量と一致する．

### 散逸関数

抵抗などポテンシャルのないような力をラグランジュ形式で考える場合は，外力としてラグランジュ方程式に手で加えることになる．特に速度に比例する抵抗の場合は，エネルギーの減少率に比例した速度のみの関数，レイリー(Rayleigh) の**散逸関数** $\mathcal{D}(\dot{q})$ を用いて導入することができ，運動方程式は

$$\frac{d}{dt}\frac{\partial L}{\partial \dot{q}_i} - \frac{\partial V}{\partial q_i} + \frac{\partial \mathcal{D}}{\partial \dot{q}_i} = 0 \quad . \tag{3.3}$$

と書くことができる．

---

[1] $L(q, \dot{q})$ は $L(q_1, \ldots, q_{3N}, \dot{q}_1, \ldots, \dot{q}_{3N})$ と書くべきであるが，以後ラグランジアンなどの関数の引数に現れる座標は，誤解が生じない限り添え字を省略し変数の集合を指定しているとする．

### 例題 6　相対運動とラグランジアン

2 粒子の質量を $m_1, m_2$，位置座標ベクトルを $\boldsymbol{r}_1, \boldsymbol{r}_2$ とする．ポテンシャルエネルギーは 2 個の粒子の相対距離の 2 乗に比例するとして，$V = \frac{1}{2}k|\boldsymbol{r}_1 - \boldsymbol{r}_2|^2$ で与える．ただし $k$ は定数である．また，全質量を $M = m_1 + m_2$，換算質量を $\mu = \frac{m_1 m_2}{m_1 + m_2}$ とする．

(a) デカルト座標 $\boldsymbol{r}_1, \boldsymbol{r}_2$ を使ってラグランジアンを書け．

(b) デカルト座標のラグランジュ方程式を求め，重心運動と相対運動の運動方程式を導け．

(c) ラグランジアンを重心座標と相対座標を用いて表し，それぞれの座標に関するラグランジュ方程式が (b) で求めた運動方程式と一致することを示せ．

---

### 考え方

2 個の粒子の運動エネルギーはそれぞれの粒子の運動エネルギーの和で与えられ，ラグランジアンは式 (3.1) で与えられる．問い (a) のラグランジアンからラグランジュ方程式を求めると，通常のデカルト座標のニュートン方程式が得られる．問い (b) では，その方程式を組み合わせて，重心運動と相対運動の方程式を導く．それぞれ重心運動は重心座標

$$\boldsymbol{R} = \frac{m_1 \boldsymbol{r}_1 + m_2 \boldsymbol{r}_2}{m_1 + m_2}$$

相対運動は相対座標

$$\boldsymbol{r} = \boldsymbol{r}_1 - \boldsymbol{r}_2$$

の方程式を求めればよい．問い (c) では，$\boldsymbol{r}_1, \boldsymbol{r}_2$ を重心座標 $\boldsymbol{R}$ と相対座標 $\boldsymbol{r}$ で表し，ラグランジアンの変数変換をする．

## ‖解答‖

(a) 2 個の粒子の持つ運動エネルギーは

$$T = \frac{1}{2}m_1\dot{\boldsymbol{r}}_1^2 + \frac{1}{2}m_2\dot{\boldsymbol{r}}_2^2$$

で与えられる．ラグランジアンの定義から

$$L = T - V = \frac{1}{2}m_1\dot{\boldsymbol{r}}_1^2 + \frac{1}{2}m_2\dot{\boldsymbol{r}}_2^2 - \frac{1}{2}k|\boldsymbol{r}_1 - \boldsymbol{r}_2|^2.$$

(b) ラグランジアンの $\dot{\boldsymbol{r}}_i$ と $\boldsymbol{r}_i$ の微分を

$$\frac{\partial L}{\partial \dot{\boldsymbol{r}}_i} = m\dot{\boldsymbol{r}}_i,$$

また

$$\frac{\partial L}{\partial \boldsymbol{r}_1} = -k(\boldsymbol{r}_1 - \boldsymbol{r}_2)\ ,\ \frac{\partial L}{\partial \boldsymbol{r}_2} = -k(\boldsymbol{r}_2 - \boldsymbol{r}_1)$$

と表すと，ラグランジュ方程式は

$$\frac{d}{dt}\frac{\partial L}{\partial \dot{\boldsymbol{r}}_i} = \frac{\partial L}{\partial \boldsymbol{r}_i}$$

で与えられる．代入すると，それぞれの粒子の運動方程式

$$m_1\ddot{\boldsymbol{r}}_1 = -k(\boldsymbol{r}_1 - \boldsymbol{r}_2)\ ,\ \ m_2\ddot{\boldsymbol{r}}_2 = -k(\boldsymbol{r}_2 - \boldsymbol{r}_1)$$

を得る．次に，得られた $\boldsymbol{r}_1$ と $\boldsymbol{r}_2$ の運動方程式を加えると重心の運動方程式

$$m_1\ddot{\boldsymbol{r}}_1 + m_2\ddot{\boldsymbol{r}}_2 = M\ddot{\boldsymbol{R}} = 0$$

を得る．ただし，$M = m_1 + m_2$.

一方，$\boldsymbol{r}_1$ と $\boldsymbol{r}_2$ の運動方程式をそれぞれ $m_1$ と $m_2$ で割って差をとると

$$\begin{aligned}\ddot{\boldsymbol{r}}_1 - \ddot{\boldsymbol{r}}_2 &= -\left(\frac{k}{m_1} + \frac{k}{m_2}\right)(\boldsymbol{r}_1 - \boldsymbol{r}_2)\\ &= -\frac{k}{\mu}(\boldsymbol{r}_1 - \boldsymbol{r}_2)\end{aligned}$$

**ワンポイント解説**

・全運動エネルギーはそれぞれの粒子の運動エネルギーの和.

・$\frac{\partial}{\partial \dot{\boldsymbol{r}}_i}$ は $i$ 番目の粒子の速度 $\dot{\boldsymbol{r}}_i$ に関する微分をベクトルにまとめた演算子で具体的には

$$\frac{\partial L}{\partial \dot{\boldsymbol{r}}_i} = \begin{pmatrix} \frac{\partial L}{\partial \dot{x}_i} \\ \frac{\partial L}{\partial \dot{y}_i} \\ \frac{\partial L}{\partial \dot{z}_i} \end{pmatrix}$$

である．同様に

$$\frac{\partial L}{\partial \boldsymbol{r}_i} = \begin{pmatrix} \frac{\partial L}{\partial x_i} \\ \frac{\partial L}{\partial y_i} \\ \frac{\partial L}{\partial z_i} \end{pmatrix}$$

である.

・換算質量 $\mu$ は

$$\frac{1}{\mu} = \frac{1}{m_1} + \frac{1}{m_2}$$

という関係を満たす．一般にポテンシャルが相対距離のみによる場合，2 個の粒子の相対運動は換算質量を持つ粒子の 1 体問題と考えることができる.

と書けるので相対運動の方程式

$$\mu(\ddot{\boldsymbol{r}}_1 - \ddot{\boldsymbol{r}}_2) = -k(\boldsymbol{r}_1 - \boldsymbol{r}_2)$$

という関係式を得る．ただし $\mu$ は，換算質量である．よって，重心運動と相対運動の運動方程式は

$$M\ddot{\boldsymbol{R}} = 0, \quad \mu\ddot{\boldsymbol{r}} = -k\boldsymbol{r}$$

となる．

(c) 問い (a) のラグランジアンに $\boldsymbol{r}_1$ と $\boldsymbol{r}_2$ を $(\boldsymbol{R}, \boldsymbol{r})$ で表した式

$$\boldsymbol{r}_1 = \boldsymbol{R} - \frac{m_2\boldsymbol{r}}{M}\ , \quad \boldsymbol{r}_2 = \boldsymbol{R} - \frac{m_1\boldsymbol{r}}{M}$$

を代入すればよい．運動エネルギーは

$$\begin{aligned} T &= \frac{m_1}{2}\left(\dot{\boldsymbol{R}} + \frac{m_2\dot{\boldsymbol{r}}}{M}\right)^2 + \frac{m_2}{2}\left(\dot{\boldsymbol{R}} - \frac{m_1\dot{\boldsymbol{r}}}{M}\right)^2 \\ &= \frac{1}{2}M\dot{\boldsymbol{R}}^2 + \frac{1}{2}\mu\dot{\boldsymbol{r}}^2. \end{aligned}$$

よって

$$L = \frac{1}{2}M\dot{\boldsymbol{R}}^2 + \frac{1}{2}\mu\dot{\boldsymbol{r}}^2 - \frac{k}{2}\boldsymbol{r}^2.$$

・このラグランジアンを見れば，重心運動と相対運動が分離していることがわかる．

公式に従ってラグランジュ方程式を求めると，$\boldsymbol{R}$ にはポテンシャル項がないので

$$\frac{d}{dt}\frac{\partial L}{\partial \dot{\boldsymbol{R}}} = M\ddot{\boldsymbol{R}} = 0.$$

相対座標の運動方程式は

$$\frac{d}{dt}\frac{\partial L}{\partial \dot{\boldsymbol{r}}} = \mu\ddot{\boldsymbol{r}} = \frac{\partial L}{\partial \boldsymbol{r}} = -k\boldsymbol{r}.$$

よって，問い (b) で得た方程式と一致する．

## 例題 6 の発展問題

**6-1.**［連成振動］図 3.1 のように，質量が $m$ の 3 個のおもりがばね定数 $k$ のばねでつながれている．おもりは，$x$ 軸に沿った方向でのみ運動する．おもりは等間隔で並んでおり，それぞれの平衡点からのずれを $x_1, x_2, x_3$ とする．ただし，ばねの質量は無視できるとする．以下の問いに答えよ．

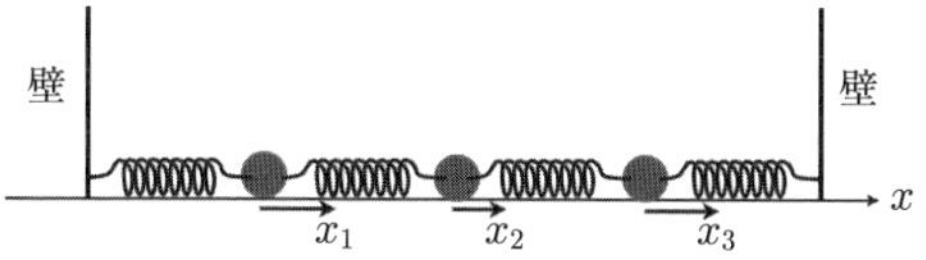


図 3.1

(a) ばねのポテンシャルエネルギー $V$ を求め，それぞれのおもりに働く力 $F_1, F_2, F_3$ を書け．

(b) ラグランジアンを書き，運動方程式を求めよ．

(c) 固有振動を求め，一般解を与えよ．

**6-2.** 発展問題 **6-1** の 3 体連成振動で両端のおもりが壁につながれていない自由端の場合に以下の問いに答えよ．

(a) ラグランジアンを書け．

(b) 中心のおもりの質量を $M$ に変えた場合，2 つの基準振動数の比を求めよ．

## 例題 7　2 重振り子

天井につながれた 2 重振り子がある．天井から長さが $l_1$ の紐に質量が $m_1$ のおもりがつながれ，さらに $l_2$ のところに質量が $m_2$ のおもりがつながれている．ただし，運動は図 3.2 のように $y$ 軸が鉛直上向きの $x$-$y$ 平面内で起こるとし，紐は伸びたり，たるんだりすることは無いとする．それぞれの紐が鉛直線と作る角度をそれぞれ $\theta_1$，$\theta_2$ として以下の問いに答えよ．

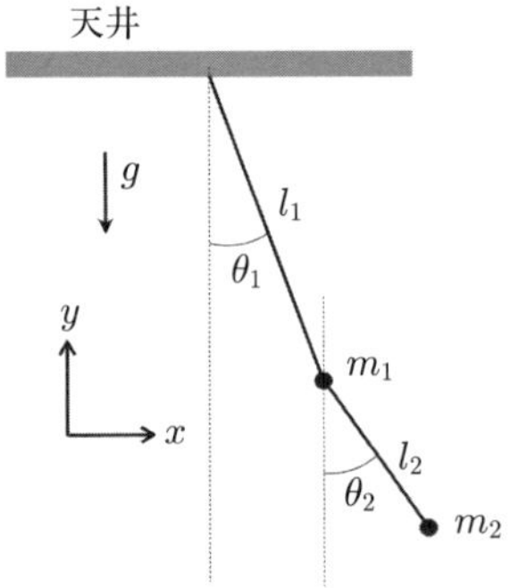


図 3.2

(a) それぞれのおもりの速度を $\dot{\theta}_1, \dot{\theta}_2$ を使って表せ．

(b) ラグランジアンを書け．

(c) 2 重振り子の問題で振れ角 $\theta_1$，$\theta_2$ が共に 1 より十分小さいという微小振動近似の下で運動方程式を求めよ．

## 考え方

2 重振り子は，典型的な一般化座標の応用である．おもりの振動は平面 $x$-$y$ 内に限られ支点からの距離は一定なので，おもり 1 の位置は支点を通る鉛直線との角度 $\theta_1$ を与えれば決まる．おもり 2 の位置も同様に，おもり 1 からの相対位置がおもり 1 を通る鉛直線との角度を与えれば定まる．よって，おもりの位置は $(\theta_1, \theta_2)$ をパラメータとすれば完全に指定されるので，これらの角度を一般化座標に採用する．

それぞれのおもりの運動エネルギーは，振り子のように紐でつながれていても $\frac{1}{2} \times$ 質量 $\times$ 速度$^2$ であることに変わりはない．よって，2 個のおもりのデカルト座標を $\theta_1, \theta_2$ をパラメータとして表し，それぞれのおもりの座標の時間微分をとることによって速度ベクトルを一般化速度を使って表すことができれば，運動エネルギーが求まる．また位置エネルギーはおもりの基準点からの高さなので，当然，一般化座標を使って表すことができる．このようにしてラグランジアンを一般化座標と一般化速度で表すことができれば，後は公式に従って運動方程式を得ることができる．

発展問題は微小振動の運動方程式を求める問題である．微小振動のラグランジアンは平衡点からの微小なずれの 2 次の項までの近似として求めることができる．2 重振り子では平衡点が $\theta_i = 0$ なので，この近似は三角関数などをテーラー展開して $\theta_i, \dot{\theta}_i$ の 2 次式までを残すことに相当する．

## ‖解答‖

(a) おもり 1 の運動平面内の座標を $x, y$，おもり 2 の座標を $X, Y$ とすると，座標と振れ角の関係は，

$$\begin{cases} x = l_1 \sin\theta_1 \ , \\ y = -l_1 \cos\theta_1 \end{cases} \quad \begin{cases} X = l_1 \sin\theta_1 + l_2 \sin\theta_2 \ , \\ Y = -l_1 \cos\theta_1 - l_2 \cos\theta_2 \ . \end{cases}$$

すると速度は，

$$\begin{cases} \dot{x} = l_1 \dot{\theta}_1 \cos\theta_1 \ , \\ \dot{y} = l_1 \dot{\theta}_1 \sin\theta_1 \end{cases} \quad \begin{cases} \dot{X} = l_1 \dot{\theta}_1 \cos\theta_1 + l_2 \dot{\theta}_2 \cos\theta_2 \ , \\ \dot{Y} = l_1 \dot{\theta}_1 \sin\theta_1 + l_2 \dot{\theta}_2 \sin\theta_2 \end{cases}$$

となる．

(b) それぞれの速度から速さの 2 乗は，

$$v^2 = \dot{x}^2 + \dot{y}^2 = l_1^2 \dot{\theta}_1^2 \ ,$$

$$V^2 = \dot{X}^2 + \dot{Y}^2$$

$$= l_1^2 \dot{\theta}_1^2 + l_2^2 \dot{\theta}_2^2 + 2 l_1 l_2 \dot{\theta}_1 \dot{\theta}_2 (\cos\theta_1 \cos\theta_2 + \sin\theta_1 \sin\theta_2)$$

$$= l_1^2 \dot{\theta}_1^2 + l_2^2 \dot{\theta}_2^2 + 2 l_1 l_2 \dot{\theta}_1 \dot{\theta}_2 \cos(\theta_1 - \theta_2) \ .$$

よって運動エネルギーは

**ワンポイント解説**

・座標を適当なパラメータで表すことができれば速度はその時間微分をとるだけである．

$$T = \frac{1}{2}m_1 v^2 + \frac{1}{2}m_2 V^2$$
$$= \frac{1}{2}(m_1 + m_2) l_1^2 \dot{\theta}_1^2 + \frac{1}{2}m_2 l_2^2 \dot{\theta}_2^2$$
$$+ m_2 l_1 l_2 \dot{\theta}_1 \dot{\theta}_2 \cos(\theta_1 - \theta_2).$$

一方，ポテンシャルエネルギーは

$$V = m_1 g y + m_2 g Y$$
$$= -(m_1 + m_2) g l_1 \cos\theta_1 - m_2 g l_2 \cos\theta_2.$$

ラグランジアンは

$$L = \frac{1}{2}(m_1 + m_2) l_1^2 \dot{\theta}_1^2 + \frac{1}{2}m_2 l_2^2 \dot{\theta}_2^2$$
$$+ m_2 l_1 l_2 \dot{\theta}_1 \dot{\theta}_2 \cos(\theta_1 - \theta_2)$$
$$- (m_1 + m_2) g l_1 \cos\theta_1 - m_2 g l_2 \cos\theta_2.$$

(c) 上のラグランジアンをテーラー展開して変数の 2 次の項まで残す．運動エネルギーでは $\cos(\theta_1 - \theta_2)$ を 1 におけばよい．一方，ポテンシャル中の cos 関数を展開すると

$$V = V_0 + \frac{1}{2}(m_1 + m_2) g l_1 \theta_1^2 + \frac{1}{2}m_2 g l_2 \theta_2^2$$

を得る．よって，微小振動の近似でラグランジアンは

$$L = \frac{1}{2}M l_1^2 \dot{\theta}_1^2 + \frac{1}{2}m_2 l_2^2 \dot{\theta}_2^2 + m_2 l_1 l_2 \dot{\theta}_1 \dot{\theta}_2$$
$$- \frac{1}{2}(M g l_1 \theta_1^2 + m_2 g l_2 \theta_2^2) - V_0.$$

ただし，$M = m_1 + m_2$, $V_0 = M g l_1 + m_2 g l_2$ である．ラグランジュ方程式は，それぞれ

・微小振動近似では，振動する一般化座標 $\theta_i$ とその一般化速度 $\dot{\theta}_i$ が十分小さいと考え，それらの多項式として展開したときの高々 2 次までを残せばよい．

$$\begin{cases} Ml_1^2\ddot{\theta}_1 + m_2 l_1 l_2 \ddot{\theta}_2 = -Mgl_1\theta_1 \ , \\ m_2 l_2^2 \ddot{\theta}_2 + m_2 l_1 l_2 \ddot{\theta}_1 = -m_2 g l_2 \theta_2 \end{cases}$$

となる．

## 例題 7 の発展問題

**7-1.** 例題 7 において，以下の問いに答えよ．

(a) 2 重振り子の微小振動近似の下で，固有振動の角振動数を求めよ．

(b) さらに，$l_1 = l, l_2 = 2l, m_1 = m_2 = m$ のとき，それぞれの固有値に対応した固有振動を求めよ．

**7-2.** ［ばねと振り子］図 3.3 のように，水平方向にばね係数が $k$ のばねにつながれたおもり 1 に，さらに振り子 2 がぶら下がっている．おもり 1 の質量を $M$，おもり 2 の質量を $m$ とする．ただし，ばねの質量は無視してよい．

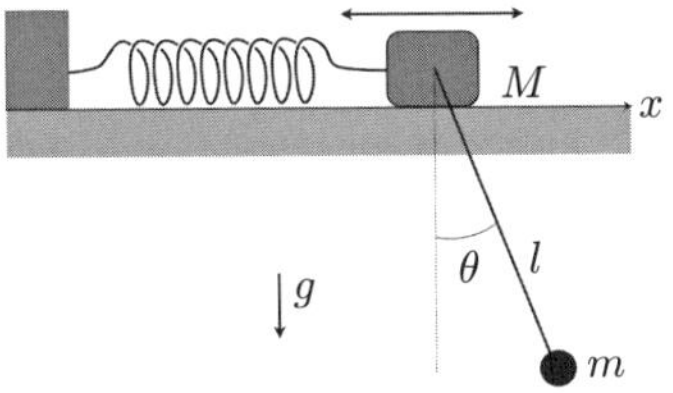


図 3.3

(a) ラグランジアンを求めよ．

(b) おもり 1 の振動，およびおもり 2 の振れ角は小さいとして微小振動近似を行い運動方程式を導け．

## 例題 8　荷電粒子の運動：ローレンツ力

静磁場中の質量 $m$ の荷電粒子のラグランジアンは

$$L = \sum_{i=1}^{3} \left( \frac{1}{2} m (\dot{x}_i)^2 + e A_i(x) \dot{x}_i \right)$$

である．ただし，変数 $x_i$ $(i = 1,2,3)$ は位置ベクトル $\boldsymbol{r} = \begin{pmatrix} x_1 \\ x_2 \\ x_3 \end{pmatrix}$ の成分であり，$A_i$ はベクトルポテンシャル $\boldsymbol{A} = \begin{pmatrix} A_1 \\ A_2 \\ A_3 \end{pmatrix}$ の成分で時間によらないとする．ラグランジュ方程式を求め，上のラグランジアンがローレンツ力を正しく導くことを示せ．ただし，$e$ は粒子の電荷である．

---

## 考え方

磁場による力が働く場合のラグランジアンは，速度による力が働く場合の典型的な例である．このような場合，ラグランジアンは標準的な形はとらず，正しい運動方程式を与えるラグランジアンを探すことになる．例題のラグランジアンは，そのラグランジュ方程式が正しく荷電粒子の運動方程式を導くことで正当化される．

静磁場 $\boldsymbol{B}$ は，時間によらないベクトルポテンシャル $\boldsymbol{A}$ の回転 (rotation) によって $\boldsymbol{B} = \nabla \times \boldsymbol{A}$ で与えられる．一方，電荷が $e$ の荷電粒子のローレンツ力は $\boldsymbol{F} = e(\boldsymbol{v} \times \boldsymbol{B})$ で与えられる．

ラグランジアンではこれを成分で書く必要がある．微分演算子 $\nabla$ の成分を $\nabla_i = \frac{\partial}{\partial x_i}$ と表すと，磁場 $\boldsymbol{B}$ とローレンツ力 $\boldsymbol{F}$ の成分表示は

$$B_i = \sum_{j,k=1}^{3} \epsilon_{ijk} \nabla_j A_k \ , \quad F_i = \sum_{j,k=1}^{3} e \epsilon_{ijk} \dot{x}_j B_k.$$

ここに，$\epsilon_{ijk}$ は，完全反対称テンソルと呼ばれ

$$\epsilon_{123} = \epsilon_{231} = \epsilon_{312} = 1 \ , \quad \epsilon_{213} = \epsilon_{321} = \epsilon_{132} = -1$$

で，それ以外の $i, j, k$ の組合せでは 0 になる．

## 解答

ラグランジュ方程式を手順に従って求める．与えられたラグランジアンより

$$\frac{\partial L}{\partial \dot{x}_j} = m\dot{x}_j + eA_j$$

である．よって

$$\frac{d}{dt}(m\dot{x}_j + eA_j(x)) = m\ddot{x}_j + e\sum_k \dot{x}_k \frac{\partial A_j}{\partial x_k}.$$

一方，

$$\frac{\partial L}{\partial x_j} = e\sum_{k=1}^{3} \frac{\partial A_k}{\partial x_j}\dot{x}_k.$$

よって，ラグランジュ方程式は

$$m\ddot{x}_j + e\sum_{k=1}^{3} \dot{x}_k \frac{\partial A_j}{\partial x_k} = e\sum_{k=1}^{3} \frac{\partial A_k}{\partial x_j}\dot{x}^k.$$

力を右辺に集めると

$$m\ddot{x}_j = e\sum_{k=1}^{3} \dot{x}_k \left(\frac{\partial A_k}{\partial x_j} - \frac{\partial A_j}{\partial x_k}\right).$$

ここで，3 個のベクトルの外積 $\boldsymbol{v} \times (\nabla \times \boldsymbol{A})$ の $i$ 成分が

$$[\boldsymbol{v} \times (\nabla \times \boldsymbol{A})]_i = \sum_{j=1}^{3} \Big(v_j(\nabla_i A_j) - v_j(\nabla_j A_i)\Big)$$

と書けることを使うと，右辺は，$(\dot{\boldsymbol{x}} \times \boldsymbol{B})$ の $j$ 成分に相当するので

$$m\ddot{\boldsymbol{x}} = e\dot{\boldsymbol{x}} \times \boldsymbol{B}$$

となり，ローレンツ力を得る．

### ワンポイント解説

・静磁場のベクトルポテンシャルは時間に依存しない．つまり

$$\frac{\partial \boldsymbol{A}}{\partial t} = 0$$

である．しかし，粒子の座標 $x_j$ は時間によっているので

$$\frac{d\boldsymbol{A}(x)}{dt} \neq 0$$

である．

・$\nabla_i = \frac{\partial}{\partial x_i}$

## 例題 8 の発展問題

**8-1.** 電磁場中の荷電粒子の作用は

$$L = \frac{1}{2}m\boldsymbol{v}^2 + e\boldsymbol{A}\cdot\boldsymbol{v} - e\phi$$

である．ただし，$\boldsymbol{A}$ はベクトルポテンシャル，$\phi$ はクーロンポテンシャルであり，共に時間と空間の関数になっている．ラグランジュ方程式を求めよ．

**8-2.**［サイクロトロン運動］$z$ 方向の一様磁場中の荷電粒子のラグランジュ方程式を書け．$x$-$y$ 平面内で運動する場合どのような運動か？

## 例題 9　転がり運動

傾きが $\theta$ の坂を滑ることなく転がる質量 $m$，半径 $a$ のタイヤを考える．ただし，タイヤは一様な円盤とし，軸周りの慣性モーメントを $I = \frac{1}{2}ma^2$ とする．

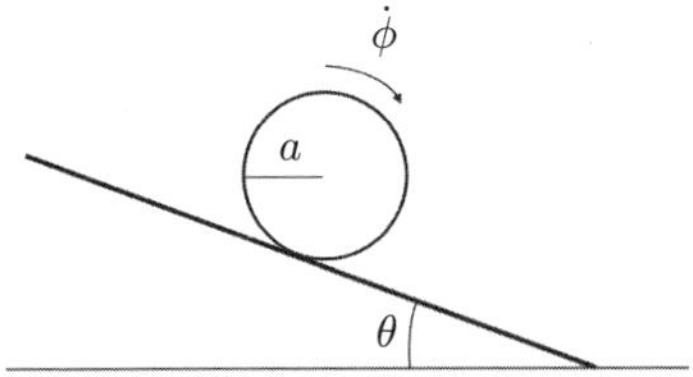


図 3.4

(a) 坂に沿った座標 $x$，回転の角速度を $\dot{\phi}$ として，重心運動のエネルギーと回転運動のエネルギーを書け．

(b) ラグランジアンを書き，ラグランジュ方程式を求めよ．

(c) 滑ることなく転がるタイヤと，回転することなく滑り落ちるタイヤの加速度の関係を求めよ．

### 考え方

ある軸の周りを回転する物体の運動エネルギー $T$ は，その軸周りの慣性モーメントを $I$，角速度を $\omega$ とすると

$$T = \frac{1}{2}I\omega^2$$

で与えられる（一般の回転運動のエネルギーは式 (12.10) を参照）．これを使ってラグランジアンを求めればよい．

### ‖解答‖

(a) 重心運動のエネルギー $T_G$ と回転運動のエネルギー $T_R$ はそれぞれ

**ワンポイント解説**

$$T_G = \frac{1}{2}m\dot{x}^2$$
$$T_R = \frac{1}{2}I\dot{\phi}^2 = \frac{1}{4}ma^2\dot{\phi}^2$$

で与えられる．ただし，$I = \frac{1}{2}ma^2$.

(b) 坂方向のポテンシャルエネルギー

$$V = mg\sin\theta(x - x_0)$$

を使うとラグランジアンは

$$L = \frac{1}{2}m\dot{x}^2 + \frac{1}{2}I\dot{\phi}^2 - mg\sin\theta(x - x_0).$$

・回転運動のエネルギーは運動エネルギーの一種としてラグランジアンに加える．

ただし，$x_0$ はタイヤの転がり始める点とする．タイヤは滑らないので，回転角と移動距離の間には

$$a\dot{\phi} = \dot{x}$$

という関係がある．よって，滑らずに転がるタイヤのラグランジアンは

$$\begin{aligned} L &= \frac{1}{2}\left(m + \frac{I}{a^2}\right)\dot{x}^2 - mgx\sin\theta \\ &= \frac{3}{4}m\dot{x}^2 - mgx\sin\theta\ . \end{aligned}$$

ラグランジュ方程式のそれぞれの項は

$$\frac{d}{dt}\frac{\partial L}{\partial \dot{x}} = \frac{3}{2}m\ddot{x}\ , \quad \frac{\partial L}{\partial x} = -mg\sin\theta\ .$$

よって，ラグランジュ方程式は，

$$\frac{3}{2}m\ddot{x} = -mg\sin\theta\ .$$

(c) 回転しない場合，運動方程式は

$$ma = -mg\sin\theta$$

なので，回転する場合は回転しない場合に比べて加

速度は $\frac{2}{3}$ 倍になる．つまり，滑り落ちるときよりゆっくりと斜面を落ちる．

## 例題 9 の発展問題

**9-1.** 半径が $R$ の円弧の内側を半径 $a$，質量 $m$ の一様な円盤が図 3.5 のように $x$-$y$ 面内で滑ることなく転がり運動する．垂線と，円弧の中心と円盤の中心を結んだ線のなす角度 $\theta$，また垂線と円盤の中心から点 P に引いた線のなす角 $\phi$ を図のように定義する．ただし，点 P は円盤が円弧の最下点にあるとき円弧と接し，そのとき $\phi = \theta = 0$ になる．また，重力加速度を $g$ とする．

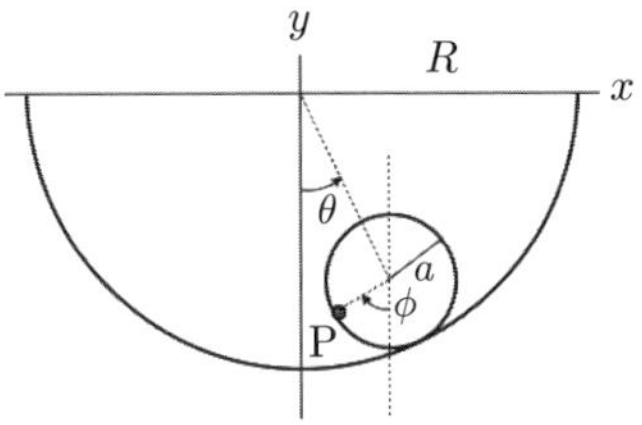


図 3.5

(a) ラグランジアンを求めよ．

(b) 微小振動の角速度を求めよ．

## 例題 10　滑車にぶら下げられたおもり

図 3.6 のように，質量が $m_1$ と $m_2$ の 2 個のおもりが紐で滑車にぶら下げられている．このときのラグランジアンを与え，おもりの加速度を求めよ．ただし，紐の質量および滑車は軽く抵抗や慣性モーメントを無視してよい．また，紐は伸び縮みしない．

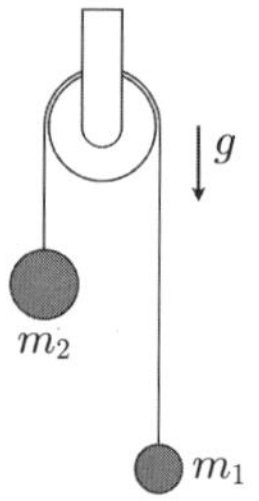


図 3.6

## 考え方

2 個のおもりの運動エネルギーとポテンシャルエネルギーを求めることは問題ないと思うが，紐でつながれていることを考慮する必要がある．拘束系の問題として扱うこともできるが，この問題では単にある時点でつながれた状態の運動を考え，その全運動エネルギーと全ポテンシャルエネルギーを求めてやれば，ラグランジアンを求めることができることを見る．

## 解答

滑車の中心と 2 個のおもりの高さの差を，それぞれ $z_1, z_2 > 0$ とする．運動エネルギーは

$$T = \frac{1}{2}m_1\dot{z}_1^2 + \frac{1}{2}m_2\dot{z}_2^2 \ .$$

ポテンシャルエネルギーは，滑車の中心の高さを基準にすると

$$V = -m_1 g z_1 - m_2 g z_2 \ .$$

紐の長さを $\ell + \frac{1}{2} \times$ (滑車の円周長) とすると，おもり

**ワンポイント解説**

・紐でつながっていても，それぞれの運動エネルギーを加えればよい．

・ポテンシャルもそれぞれの位置エネルギーの和．

はつながれているので $z_1 + z_2 = \ell =$ 一定であり $\dot{z}_1 = -\dot{z}_2$ が成り立つ．よって，ラグランジアンは $z_1$ だけを変数として書くことができ，

$$L = \frac{1}{2}m_1\dot{z}_1^2 + \frac{1}{2}m_2\dot{z}_1^2 + m_1gz_1 - m_2gz_1$$

・ラグランジアンでは定数項は落としても運動方程式には関係ない．

となる．ラグランジュ方程式の各項は

$$\frac{d}{dt}\frac{\partial L}{\partial \dot{z}_1} = (m_1 + m_2)\ddot{z}_1 \ , \quad \frac{\partial L}{\partial z_1} = (m_1 - m_2)g$$

なので運動方程式は

$$\ddot{z}_1 = \frac{m_1 - m_2}{m_1 + m_2}g$$

である．よって質量 $m_1$ のおもりは加速度 $\frac{m_1-m_2}{m_1+m_2}g$，$m_2$ のおもりは加速度 $\frac{m_2-m_1}{m_1+m_2}g$ の下向きの等加速度運動を行う．

・$m_1 \neq m_2$ ならばどちらかの加速度は負である．

## 例題 10 の発展問題

**10-1.** 質量が $m$，長さが $l$ で，密度が一様な紐が細い釘にぶら下げられている．紐の一方の端点の釘からの距離 $x > 0$ を座標として，その端点の運動について以下の問いに答えよ．ただし，紐は伸びることはなく，紐の太さ，および紐と釘の摩擦は無視できる．また，紐は十分長く運動の間釘から外れないとする．

図 3.7

(a) 端点 $x$ を用いて紐の運動のラグランジアンを求めよ．

(b) 運動方程式を書き，$x = a$ で静かに手を離した場合の解を求めよ．

重要度
★★★★

# 4　対称性と保存量

ラグランジアンを使うことの利点の一つは，座標変換によって系統的に保存量を探すことができることにある．保存量は一般に系の対称性と関係がある．

## 《内容のまとめ》

### 保存量

一般に座標や速度の関数 $f$ が，運動を通じて値が変わらない量を保存量と呼ぶ．つまり，座標や速度が運動方程式を満たしている限り保存量は時間によらない．

ある系のラグランジアンにおいて，ある座標の時間微分 $\dot{q}_i$ は現れるが座標そのものが現れないとき，つまり

$$\frac{\partial L}{\partial q_i} = 0 \tag{4.1}$$

のとき，その座標 $q_i$ を循環座標と呼ぶ．このとき循環座標 $q_i$ に関するラグランジュ方程式は

$$\frac{d}{dt}\frac{\partial L}{\partial \dot{q}_i} = 0 \tag{4.2}$$

となり，

$$p_i = \frac{\partial L}{\partial \dot{q}_i} = \text{一定} \tag{4.3}$$

が時間によらない保存量であることを意味している．つまり，循環座標の共役運動量は保存量である．対称性などを考慮して座標をうまく選ぶことによって循環座標を見出せば，保存量が見つかる．

### エネルギー保存

普遍的な保存量としてエネルギーがある．ラグランジアンが $q_i(t)$ のように座標の時間依存性のみを通じて時間による場合，つまり，$t$ そのものがラグランジアンに顕わに現れず

$$\frac{\partial L}{\partial t} = 0 \tag{4.4}$$

のとき，力学的エネルギー

$$E = \sum_i \dot{q}_i \frac{\partial L}{\partial \dot{q}_i} - L(q, \dot{q}) \tag{4.5}$$

が保存する．ただし，和はすべての変数に関する和をとる．

### 対称性と保存則

系にある変換をしても全体が不変なとき，その変換を系の**対称性**と呼ぶ．ラグランジュ形式では，$q_i$ を変換前の座標，$Q_i$ を変換後の座標としたとき，

$$L(q, \dot{q}, t) = L(Q, \dot{Q}, t) + \frac{d}{dt}\Phi(Q, \dot{Q}, t) \tag{4.6}$$

を満たすならば，ラグランジアンの対称性である（以下では $\Phi = 0$ とする）．

特に，連続なパラメータ $\alpha$ による変換で

$$Q_i = f_i(q, t, \alpha) \tag{4.7}$$

と書け，$\alpha = 0$ のとき $Q_i = q_i$ が成り立つとする．このとき無限小変換を，$\epsilon \ll 1$ を無限小パラメータとして

$$Q_i = q_i + \delta q_i \ , \quad \delta q_i = \epsilon K_i \ , \quad K_i = \left.\frac{\partial f_i}{\partial \alpha}\right|_{\alpha=0} \tag{4.8}$$

と定義する．つまり，パラメータ $\alpha$ が微小として座標の微小変化 $\delta q_i$ を，パラメータによる展開の1次の項で定義する．この無限小変換によって生じるラグランジアンの変化は

$$
\begin{aligned}
\delta L &= L(Q,\dot{Q},t) - L(q,\dot{q},t) = L(q_i+\delta q_i,\ \dot{q}_i+\delta\dot{q}_i,\ t) - L(q,\dot{q},t) \\
&= \epsilon K_i \frac{\partial L}{\partial q_i} + \epsilon \dot{K}_i \frac{\partial L}{\partial \dot{q}_i}
\end{aligned}
\tag{4.9}
$$

となるが，ここで第 1 項に運動方程式を使うと

$$
\delta L = \epsilon K_i \frac{d}{dt}\frac{\partial L}{\partial \dot{q}_i} + \epsilon \dot{K}_i \frac{\partial L}{\partial \dot{q}_i} = \epsilon \frac{d}{dt}\left(K_i \frac{\partial L}{\partial \dot{q}_i}\right) \tag{4.10}
$$

である．ところが，もともと $\delta L = 0$ なので，この式は

$$
G = \sum_{i}^{n} K_i \frac{\partial L}{\partial \dot{q}_i} \tag{4.11}
$$

が保存することを意味する．このように，一般に，系に連続的なパラメータによる対称性があると保存則が導かれることは普遍的な現象で，ネーターの定理と呼ばれる．

### 対称性とネーターの定理の例

対称性の例として 3 次元空間の並進と回転を考える．系のある方向への並進（平行移動）に関する不変性が並進対称性であり，回転に関する不変性が回転対称性である．以下の議論では，変数としてはデカルト座標を考え，位置ベクトルを $\boldsymbol{q}$ で表し変換後の座標を $\boldsymbol{Q}$ とする．

**並進対称性**　ベクトル $\boldsymbol{a}$ で表される並進で，位置ベクトルは

$$
\boldsymbol{Q} = \boldsymbol{q} + \boldsymbol{a} \tag{4.12}
$$

と変化する．並進を表すベクトルを，長さ $\alpha = |\boldsymbol{a}|$ と方向を表す単位ベクトル $\boldsymbol{n}$ に分け $\boldsymbol{a} = \alpha\boldsymbol{n}$ と表し，さらにベクトル $\boldsymbol{n}$ の成分を $n_i$ とすると，式 (4.8) より $K_i = n_i$ を得る．デカルト座標では $\frac{\partial L}{\partial \dot{q}_i} = p_i$ は運動量なので，式 (4.11) より

$$
G = \sum_{i=1}^{3} n_i \frac{\partial L}{\partial \dot{q}_i} = \sum_{i=1}^{3} n_i p_i = \boldsymbol{n}\cdot\boldsymbol{p} \tag{4.13}
$$

となる．よって，ネーターの定理は，系が $\boldsymbol{n}$ 方向の並進対称性を持てば，$\boldsymbol{n}$

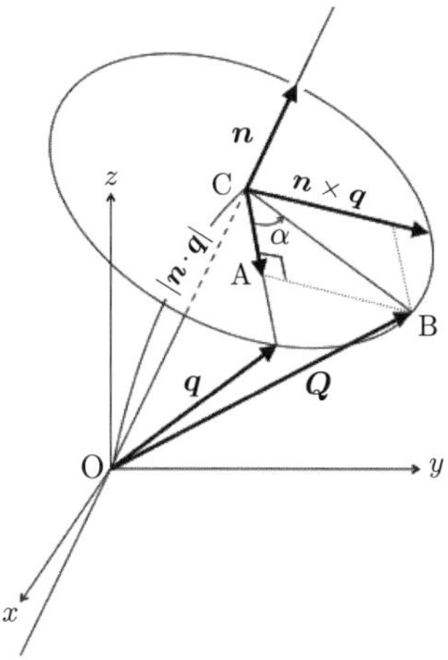


図 4.1: ベクトル $\boldsymbol{q}$ の回転

方向の運動量が保存することを意味する.

**回転対称性**　図 4.1 のように単位ベクトル $\boldsymbol{n}$ の方向を軸として右ねじ方向に回転角 $\alpha$ だけ回転すると，位置ベクトルは

$$\boldsymbol{Q} = \boldsymbol{n}(\boldsymbol{n}\cdot\boldsymbol{q}) + (\boldsymbol{n}\times\boldsymbol{q})\times\boldsymbol{n}\cos\alpha + (\boldsymbol{n}\times\boldsymbol{q})\sin\alpha \tag{4.14}$$

に移動する（例題 **14**）. よって，式 (4.8) より

$$K_i = (\boldsymbol{n}\times\boldsymbol{q})_i \tag{4.15}$$

を得る. デカルト座標では $\frac{\partial L}{\partial \dot{q}_i} = p_i$ は運動量なので，式 (4.11) より

$$G = (\boldsymbol{n}\times\boldsymbol{q})\cdot\boldsymbol{p} = \boldsymbol{n}\cdot(\boldsymbol{q}\times\boldsymbol{p}). \tag{4.16}$$

よって，ネーターの定理は，系が $\boldsymbol{n}$ 軸周りに回転対称を持てば角運動量 $\boldsymbol{L} = \boldsymbol{q}\times\boldsymbol{p}$ の $\boldsymbol{n}$ 方向が保存することを意味する.

### 回転行列

基底を決めてベクトルを列ベクトルとして書くと，回転変換 (4.14) は列ベクトル $\boldsymbol{q}$ を $\boldsymbol{Q}$ に変換する $3\times 3$ 行列 $\Lambda$ として

$$\boldsymbol{Q} = \Lambda \boldsymbol{q} \tag{4.17}$$

のように表すことができる．回転を表す行列は，回転行列と呼ばれ直交行列になる．同様に $\alpha = \epsilon \ll 1$ の無限小回転によるベクトルの微小変化 $\delta \boldsymbol{q}$ も $3 \times 3$ 行列 $\tau$ を使って

$$\delta \boldsymbol{q} = \boldsymbol{Q} - \boldsymbol{q} = \epsilon \tau \boldsymbol{q} \tag{4.18}$$

のように表せる．$\tau$ は，行列 $(T_i)_{jk} = -\epsilon_{ijk}$ を用いて

$$\tau = \sum_{i=1}^{3} n_i T_i \tag{4.19}$$

と書ける（発展問題 **14**）．$T_i$ を回転の生成子と呼ぶ．$\boldsymbol{n}$ 軸周り，角度 $\alpha$ の回転を与える回転行列 $\Lambda$ は，生成子を使って

$$\Lambda = e^{\alpha \tau} \tag{4.20}$$

と書くことができる．

## 例題 11　中心力の循環座標

質量 $m$ の粒子の中心力ポテンシャル $V$ の下での運動を考える．

(a) 極座標表示のラグランジアンにおいて循環座標になっているのはどの座標か？

(b) 対応した保存量は何か？

### 考え方

循環座標は，その座標の時間微分しかラグランジアンに含まれない座標のことである．**中心力**とはポテンシャルが中心からの距離のみによる力なので（例題 **5** 参照），ポテンシャルに含まれない座標から探すことになる．一般の座標系では極座標のように運動エネルギーが座標による場合があるので，ポテンシャルに現れない座標であってもラグランジアン全体を見る必要がある．

### ‖解答‖

(a) ポテンシャルを $V$ とすると極座標におけるラグランジアンは

$$L = \frac{1}{2}m(\dot{r}^2 + r^2\dot{\theta}^2 + r^2\dot{\phi}^2 \sin^2\theta) - V(r)$$

である．よって循環座標は $\phi$ である．

(b) $\phi$ の共役運動量は

$$p_\phi = \frac{\partial L}{\partial \dot{\phi}} = m(r\sin\theta)^2\dot{\phi}$$

である．

**ワンポイント解説**

・$r\sin\theta$ は $z$ 軸と粒子の距離なので，$p_\phi$ はちょうど $z$ 軸周りの角運動量の大きさ，質量 ×（軸との距離）$^2$ ×（角速度）になっている．

## 例題 12　エネルギー保存

(a) ラグランジアンが時間に顕わによらないとき，エネルギー

$$E=\sum \dot{q}_i\frac{\partial L}{\partial \dot{q}_i}-L(q,\dot{q})$$

が保存することを示せ.

(b) 運動エネルギーが一般化速度の 2 次の斉次関数であり，ポテンシャルが速度を含まないとき，エネルギーが運動エネルギーとポテンシャルエネルギーの和になることを示せ.

### 考え方

エネルギーなど，運動の保存量は運動を通じて値を変えない量である．つまり，保存性を証明するためには運動方程式を使ってもよいことを意味する．発展問題では，摩擦などの散逸現象がある場合にラグランジュ形式を応用した場合について考える.

### 解答

(a) $E$ の時間微分がゼロになることを示す．まずラグランジアンの時間微分は

$$\frac{dL}{dt}=\sum_i\left(\dot{q}_i\frac{\partial L}{\partial q_i}+\ddot{q}_i\frac{\partial L}{\partial \dot{q}_i}\right).$$

$E$ の，最初の項の微分は

$$\frac{d}{dt}\left(\sum_i \dot{q}_i\frac{\partial L}{\partial \dot{q}_i}\right)=\sum_i\left(\ddot{q}_i\frac{\partial L}{\partial \dot{q}_i}+\dot{q}_i\frac{d}{dt}\frac{\partial L}{\partial \dot{q}_i}\right).$$

よって $E$ の時間微分は

**ワンポイント解説**

・ラグランジアンの時間依存性は $q$ と $\dot{q}$ が時間依存を通じてのみ生じる．つまり $\frac{\partial L}{\partial t}=0$ である.

$$
\begin{aligned}
\dot{E} &= \frac{d}{dt}\left(\sum \dot{q}_i \frac{\partial L}{\partial \dot{q}_i} - L(q, \dot{q})\right) \\
&= \sum_i \left(\ddot{q}_i \frac{\partial L}{\partial \dot{q}_i} + \dot{q}_i \frac{d}{dt}\frac{\partial L}{\partial \dot{q}_i}\right) - \sum_i \left(\dot{q}_i \frac{\partial L}{\partial q_i} + \ddot{q}_i \frac{\partial L}{\partial \dot{q}_i}\right) \\
&= \sum_i \dot{q}_i \left(\frac{d}{dt}\frac{\partial L}{\partial \dot{q}_i} - \frac{\partial L}{\partial q_i}\right)
\end{aligned}
$$

となるが，最後の行の括弧の中身はラグランジュ方程式よりゼロになる．よって $\dot{E} = 0$ になり，エネルギー $E$ が保存することがわかる．

(b) ラグランジアンが $L = T - V$ とすると，

$$
\sum_i \dot{q}_i \frac{\partial L}{\partial \dot{q}_i} = \sum_i \dot{q}_i \frac{\partial T}{\partial \dot{q}_i}.
$$

運動エネルギー $T$ が一般化速度の 2 次の斉次関数という仮定から，斉次関数に関するオイラーの定理を用いると，

$$
\sum_i \dot{q}_i \frac{\partial T}{\partial \dot{q}_i} = 2T.
$$

・オイラーの定理の詳しい議論は例題 **39** 参照.

よって

$$
E = \sum_i \dot{q}_i \frac{\partial L}{\partial \dot{q}_i} - L = T + V
$$

である．

## 例題 12 の発展問題

**12-1.** 散逸関数 $D$ で表された抵抗がある場合，エネルギーの減少率を散逸関数を用いて表せ．

**12-2.** さらに，散逸関数が速度の 2 次同次多項式の場合，エネルギーの減少率は $2D$ で与えられることを示せ．

## 例題 13　ローレンツ力とエネルギー保存

磁場中の荷電粒子の作用は，座標を $q_1 = x$, $q_2 = y$, $q_3 = z$ とすると

$$L = \sum_{i=1}^{3} \left( \frac{1}{2} m\dot{q}_i^2 + eA_i(q)\dot{q}_i \right)$$

である（例題 **8** を参照）．ただし，$A_i(q)$ はベクトルポテンシャルで座標の関数だが時間にはよらないとする．エネルギー保存則は何を意味するか．

---

### 考え方

磁場が働いていても，一定磁場の場合，ラグランジアンは時間に顕わによらない．したがって，エネルギーは保存する．

### 解答

公式に従ってラグランジアンからエネルギーを作る．

$$\frac{\partial L}{\partial \dot{q}_i} = m\dot{q}_i + eA_i.$$

よって

$$E = \sum_{i=1}^{3} \dot{q}_i \frac{\partial L}{\partial \dot{q}_i} - L$$
$$= \sum_{i=1}^{3} \left( \dot{q}_i(m\dot{q}_i + eA_i) - \left( \frac{1}{2} m\dot{q}_i^2 + eA_i(q)\dot{q}_i \right) \right)$$
$$= \sum_{i=1}^{3} \frac{1}{2} m(\dot{q}_i)^2.$$

つまり，一定磁場の下では粒子の速さは変わらない．

**ワンポイント解説**

・方向は変わってもよい．

### 例題 13 の発展問題

**13-1.** 発展問題 **8-2** で求めた，$z$ 軸方向の一様静磁場 $B$ 中のサイクロトロン運動において，$x$-$y$ 平面内で運動する荷電粒子のエネルギーを求めよ．また，半径を速度と磁場で表せ．

## 例題 14　回転変換

(a) 図 4.1 のような単位ベクトル $\boldsymbol{n}$ の方向を軸とし，角 $\alpha$ の右回転を表す式 (4.14) を証明せよ．

(b) 回転角が無限小 $\alpha = \epsilon \ll 1$ の無限小回転による $\boldsymbol{q}$ の微小変化が $\delta\boldsymbol{q} = \epsilon(\boldsymbol{n} \times \boldsymbol{q})$ であることを示せ．

### 考え方

例題は，図 4.1 の三角形 ABC のそれぞれの辺をベクトルで表すことで求まる．さらに，回転角による展開の最初の項を求めれば無限小回転の公式が求まる．

発展問題は，これらを回転行列として表す問題である．無限小回転が，それぞれの軸周りの無限小回転を表す行列 $T_i$ の線形結合で書けることがわかる．これらの行列は回転の生成子と呼ばれ，回転座標系や剛体の回転の問題でも使われる．

### ‖解答‖

(a) 図 4.1 において $\boldsymbol{Q} = \overrightarrow{\mathrm{OC}} + \overrightarrow{\mathrm{CB}}$ である．$\overrightarrow{\mathrm{OC}}$ の長さは $|\boldsymbol{n}\cdot\boldsymbol{q}|$ であるので，向きも含めて $\overrightarrow{\mathrm{OC}} = (\boldsymbol{n}\cdot\boldsymbol{q})\boldsymbol{n}$．また，$\overrightarrow{\mathrm{CA}} = (\boldsymbol{q} - \overrightarrow{\mathrm{OC}})\cos\alpha = (\boldsymbol{n} \times \boldsymbol{q}) \times \boldsymbol{n}\cos\alpha$ である．

一方，$\alpha$ を変化させたときに $\boldsymbol{Q}$ の描く円の半径は $|\boldsymbol{n} \times \boldsymbol{q}|$ であり，直角三角形 ABC における半径と辺 AB の関係から $\overrightarrow{\mathrm{AB}} = (\boldsymbol{n} \times \boldsymbol{q})\sin\alpha$ である．

以上を $\boldsymbol{Q} = \overrightarrow{\mathrm{OC}} + \overrightarrow{\mathrm{CA}} + \overrightarrow{\mathrm{AB}}$ に代入すると式 (4.14) を得る．

(b) 式 (4.14) では $\boldsymbol{Q}$ の成分 $Q_i$ は $\alpha$ の関数になっている．よって，成分ごとに $\alpha$ について展開すると

**ワンポイント解説**

・$\boldsymbol{q} - (\boldsymbol{n} \cdot \boldsymbol{q})\boldsymbol{n} = (\boldsymbol{n} \times \boldsymbol{q}) \times \boldsymbol{n}$ である．

$$
\begin{aligned}
Q_i &= q_i + \left.\frac{\partial Q_i}{\partial \alpha}\right|_{\alpha=0} \alpha + \cdots \\
&= q_i + (\boldsymbol{n} + \boldsymbol{q})_i \alpha + \cdots .
\end{aligned}
$$

これをベクトルにまとめて書くと $\delta \boldsymbol{q} = (\boldsymbol{Q} - \boldsymbol{q})|_{\alpha=\epsilon}$ $= \epsilon(\boldsymbol{n} \times \boldsymbol{q})$ となる．

## 例題14の発展問題

**14-1.** 変換式 (4.14) は $3\times3$ 行列 $\Lambda$ を使って

$$
\boldsymbol{Q} = \Lambda \boldsymbol{q}
$$

と書ける．$\Lambda$ を求めよ．

**14-2.** 無限小変換によるベクトルの微小変化を $3\times3$ 行列 $\tau$ を使って $\delta \boldsymbol{q} = \epsilon\tau\boldsymbol{q}$ のように書いたとき，$\tau = \sum_{i=1}^{3} n_i T_i$ と書ける．行列 $\tau$ と回転の生成子 $T_i$ を求めよ．

**14-3.** 回転の生成子 $T_i$ の交換関係が $[T_i, T_j] = \sum_k \epsilon_{ijk} T_k$ と書けることを示せ．ただし，$[A, B] = AB - BA$ である．

**14-4.** 極座標の基底を並べた行列 $U = (\boldsymbol{e}_\theta, \boldsymbol{e}_\phi, \boldsymbol{e}_r)$ は，デカルト座標の基底ベクトルそれぞれを，$\boldsymbol{e}_x \to \boldsymbol{e}_\theta$, $\boldsymbol{e}_y \to \boldsymbol{e}_\phi$, $\boldsymbol{e}_z \to \boldsymbol{e}_r$ と変換する回転行列と思うことができる．$\theta, \phi$ を $\boldsymbol{e}_r = \boldsymbol{n}$ となる値にとれば，**14-1** の行列 $\Lambda$ が $U$ による共役変換として $\Lambda = U\Lambda_z U^t$ と書けることを証明せよ．ただし，$\Lambda_z$ は $z$ 軸周りの $\alpha$ 回転の回転行列

$$
\Lambda_z = \begin{pmatrix} \cos\alpha & -\sin\alpha & 0 \\ \sin\alpha & \cos\alpha & 0 \\ 0 & 0 & 1 \end{pmatrix}
$$

である．また，$U^t$ は $U$ の転置行列である．

重要度
★★★

# 5 時間による座標変換

時間による座標変換の例として，回転座標系を考える．ラグランジアン形式で一様に回転する観測者から見た運動方程式を書くと，座標系の回転による見かけの力をラグランジュ方程式から導くことができる．

## 《内容のまとめ》

### 回転座標系

一様に回転する回転座標系を考える場合，同じ粒子の位置の静止系での表示と回転系での表示を区別する必要がある．ここでは，静止系の座標を $\boldsymbol{q}$，回転系での座標を $\boldsymbol{Q}$ で表し

$$\boldsymbol{q} = \begin{pmatrix} x \\ y \\ z \end{pmatrix}, \quad \boldsymbol{Q} = \begin{pmatrix} X \\ Y \\ Z \end{pmatrix} \tag{5.1}$$

と定義する．回転系への変換は，時間に依存した回転行列 $\Lambda$ を使って

$$\boldsymbol{q} = \Lambda \boldsymbol{Q} \tag{5.2}$$

で与えられる[1]．$z$ 軸周りに角速度 $\omega$ で回転している場合，$\Lambda$ は

$$\Lambda_z = \begin{pmatrix} \cos\omega t & -\sin\omega t & 0 \\ \sin\omega t & \cos\omega t & 0 \\ 0 & 0 & 1 \end{pmatrix} \tag{5.3}$$

である．一般に，軸の方向が単位ベクトル $\boldsymbol{n}$ の回転座標系への変換は，$\boldsymbol{e}_r = \boldsymbol{n}$ となるように $(\theta, \phi)$ を定めた極座標の基底 (1.10) を並べて作られる時間に

[1]ある軸周りの角速度 $\omega$ の一様回転は式 (4.14) または発展問題 **14-1** の $\Lambda$ の回転角を $\alpha = \omega t$ としたものだが，ここでは座標系が回転しているので変換の向きが逆になっている．

よらない回転行列 $U = (\boldsymbol{e}_\theta, \boldsymbol{e}_\phi, \boldsymbol{e}_r)$ を使って

$$\Lambda = U\Lambda_z U^t \tag{5.4}$$

のように表すことができる（発展問題 **14-4** 参照）．静止系での粒子の速度は，回転系での速度 $\dot{\boldsymbol{Q}}$ と回転行列の時間微分 $\dot{\Lambda}$ から

$$\dot{\boldsymbol{q}} = \Lambda\dot{\boldsymbol{Q}} + \dot{\Lambda}\boldsymbol{Q} = \Lambda(\dot{\boldsymbol{Q}} + \boldsymbol{\omega} \times \boldsymbol{Q}) \tag{5.5}$$

で与えられる．ポテンシャル $V(q)$ 中で運動する質量 $m$ の粒子の回転座標によるラグランジアンは，静止系における座標 $\boldsymbol{q}$ と速度 $\dot{\boldsymbol{q}}$ を回転系の座標 $\boldsymbol{Q}$ と速度 $\dot{\boldsymbol{Q}}$ で表せばよく

$$L = \frac{1}{2}m\dot{\boldsymbol{Q}}^2 + m\boldsymbol{\omega} \cdot (\boldsymbol{Q} \times \dot{\boldsymbol{Q}}) + \frac{1}{2}m|\boldsymbol{\omega} \times \boldsymbol{Q}|^2 - V'(\boldsymbol{Q}) \tag{5.6}$$

となる．ただし，角速度ベクトル $\boldsymbol{\omega}$ は回転系での回転軸の方向で右回転を正とした向き，大きさが角速度 $\omega$ のベクトルである．また，ポテンシャル $V'(\boldsymbol{Q})$ は式 (5.2) を $V(q)$ に代入して得られる関数 $V'(Q) = V(q(Q))$ である．回転系でのラグランジュ方程式は

$$m\ddot{\boldsymbol{Q}} = -2m\boldsymbol{\omega} \times \dot{\boldsymbol{Q}} - m\boldsymbol{\omega} \times (\boldsymbol{\omega} \times \boldsymbol{Q}) - \nabla_{\boldsymbol{Q}} V' \tag{5.7}$$

となる．ここで，$\nabla_{\boldsymbol{Q}}$ は回転座標 $(X, Y, Z)$ による勾配を意味する．運動方程式の右辺より，ラグランジアンの 2 項目はコリオリ力，3 項目は遠心力を与えていることがわかる．

## 例題 15　回転座標系

$z$ 軸周りに角速度 $\omega$ で回転している回転座標系での自由粒子のラグランジアンが，式 (5.6) において角速度ベクトルを $\boldsymbol{\omega} = \omega \boldsymbol{e}_z$ とおいたものに等しいことを次の手順で示せ．

(a) 式 (5.3) の $\Lambda_z$ に関して，$\Lambda_z^t \dot{\Lambda}_z$ および $\dot{\Lambda}_z^t \dot{\Lambda}_z$ を求めよ．ただし，$A^t$ は行列 $A$ の転置を表す．

(b) 回転座標系での座標 $\boldsymbol{Q}$ の成分を式 (5.1) のように表して，回転座標系での質量 $m$ の自由粒子のラグランジアンを書け．

(c) 式 (5.6) において角速度ベクトルを $\boldsymbol{\omega} = \omega \boldsymbol{e}_z$ としたものと比較せよ．

### 考え方

$z$ 軸周りに一様に回転している場合を考えるので座標変換は式 (5.2) の回転行列 $\Lambda$ として式 (5.3) の $\Lambda_z$ を使うことになる．回転行列は直交行列なので $\Lambda^t = \Lambda^{-1}$ であることに注意する．発展問題では，回転軸が任意の方向を向いているような回転座標系での運動の記述を議論する．

### 解答

(a) 行列 $\Lambda_z$ の微分は

$$\dot{\Lambda}_z = \omega \begin{pmatrix} -\sin \omega t & -\cos \omega t & 0 \\ \cos \omega t & -\sin \omega t & 0 \\ 0 & 0 & 0 \end{pmatrix}.$$

よって，

$$\Lambda_z^t \dot{\Lambda}_z = \begin{pmatrix} 0 & -\omega & 0 \\ \omega & 0 & 0 \\ 0 & 0 & 0 \end{pmatrix}, \quad \dot{\Lambda}_z^t \dot{\Lambda}_z = \omega^2 \begin{pmatrix} 1 & 0 & 0 \\ 0 & 1 & 0 \\ 0 & 0 & 0 \end{pmatrix}.$$

(b) 運動エネルギーは $T = \frac{m}{2} \dot{\boldsymbol{q}} \cdot \dot{\boldsymbol{q}}$ であり，速度の 2 乗は

$$\begin{aligned} \dot{\boldsymbol{q}} \cdot \dot{\boldsymbol{q}} &= (\boldsymbol{Q}^t \dot{\Lambda}^t + \dot{\boldsymbol{Q}}^t \Lambda^t)(\dot{\Lambda} \boldsymbol{Q} + \Lambda \dot{\boldsymbol{Q}}) \\ &= \boldsymbol{Q}^t \dot{\Lambda}^t \dot{\Lambda} \boldsymbol{Q} + 2 \dot{\boldsymbol{Q}}^t \Lambda^t \dot{\Lambda} \boldsymbol{Q} + \dot{\boldsymbol{Q}}^t \Lambda^t \Lambda \dot{\boldsymbol{Q}}. \end{aligned}$$

この式に問い (a) の結果を代入すると，自由粒子の

**ワンポイント解説**

・$\Lambda_z^t \dot{\Lambda}_z$ の $ij$ 成分は，$(\Lambda_z^t \dot{\Lambda}_z)_{ij} = -\omega \epsilon_{ij3}$ と書くことができる（発展問題 **15-1**）．

・内積は行列表示を使うと $\boldsymbol{a} \cdot \boldsymbol{b} = \boldsymbol{a}^t \boldsymbol{b}$ である．

・$(\dot{\Lambda}^t \Lambda)^t = \Lambda^t \dot{\Lambda}$ より，$\dot{\boldsymbol{Q}}^t \Lambda^t \dot{\Lambda} \boldsymbol{Q} = \boldsymbol{Q}^t \dot{\Lambda}^t \Lambda \dot{\boldsymbol{Q}}$ が成り立つ．

ラグランジアンは

$$
\begin{aligned}
L \ &= \tfrac{1}{2}m(\dot{X}^2+\dot{Y}^2+\dot{Z}^2) \\
&\qquad + m\omega(X\dot{Y}-Y\dot{X}) + \tfrac{1}{2}m\omega^2(X^2+Y^2)
\end{aligned}
$$

となる．

(c) 式 (5.6) のラグランジアン $L$ の運動エネルギー項の角速度ベクトルに $\boldsymbol{\omega} = \omega \boldsymbol{e}_z$ を代入すると，それぞれ

$$
\begin{aligned}
&\boldsymbol{\omega}\cdot(\boldsymbol{Q}\times\dot{\boldsymbol{Q}}) = \omega(X\dot{Y}-Y\dot{X})\ , \\
&|\boldsymbol{\omega}\times\boldsymbol{Q}|^2 = \omega^2(X^2+Y^2)
\end{aligned}
$$

・$\boldsymbol{e}_z = \begin{pmatrix} 0 \\ 0 \\ 1 \end{pmatrix}$

となり，代入すると問い (b) で得られたラグランジアンと一致する．

## 例題 15 の発展問題

**15-1.** $(\Lambda_z^t \dot{\Lambda}_z)_{ij} = -\omega\epsilon_{ij3}$ と書けることと，式 (5.4) を使って $\Lambda^{-1}\dot{\Lambda}$ を求め，速度の変換則 (5.5) を示せ．

**15-2.** 式 (5.5) を使って，軸が単位ベクトル $\boldsymbol{n}$ で指定され，角速度の大きさが $\omega$ で一様に回転する回転座標系における質量 $m$ の自由粒子のラグランジアンが式 (5.6) で与えられることを示せ．

**15-3.** $3\times3$ 行列 $T_k$（回転の生成子）を $(T_k)_{ij} = -\epsilon_{ijk}$ と定義する．発展問題 **15-1** の結果から

$$
\Lambda_z = e^{t\omega T_3},\ \Lambda = e^{t\omega\tau}
$$

と書けることを示せ．ただし，$\tau$ は軸方向の単位ベクトル $\boldsymbol{n}$ によって $\tau = \sum_i n_i T_i$ と定義される行列である（発展問題 **14-2** 参照）．

## 例題 16　フーコーの振り子

北緯 $\alpha$ の地上のある 1 点を支点とする振り子を考える．図 5.1 のように，回転軸を静止系の $z$ 軸方向にとり，回転座標系の基底 $\boldsymbol{e}_X, \boldsymbol{e}_Y, \boldsymbol{e}_Z$ は回転軸が $X$-$Z$ 面内にあるようにとる．位置ベクトルの原点を地球の中心とすると，おもりの回転座標での座標は $\boldsymbol{Q} = \boldsymbol{Q}_0 + \boldsymbol{\rho}$ と書ける．ここで，$\boldsymbol{Q}_0$ は回転座標における支点の座標であり，$\boldsymbol{\rho}$ は支点を基準にしたおもりの座標で $\boldsymbol{\rho} = \begin{pmatrix} X \\ Y \\ Z \end{pmatrix}$ とする．以下では地球は球体で静止系の $z$ 軸周りに角速度 $\omega$ で回転しており，$\omega$ は小さいとして遠心力は無視する．また，地上での重力加速度の大きさを $g$ とする．以下の問いに答えよ．

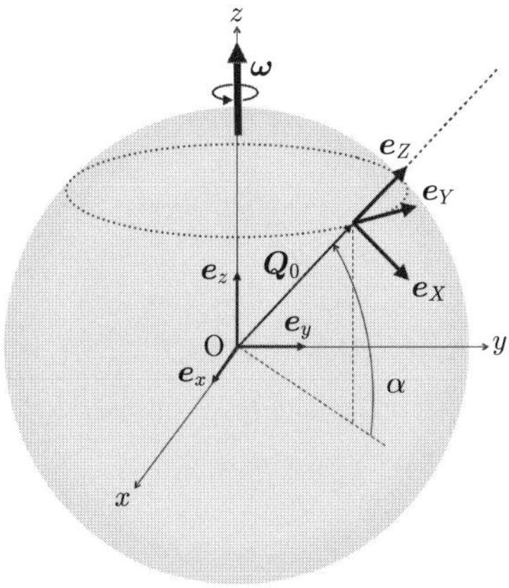


図 5.1

(a) 回転座標における角速度ベクトル $\boldsymbol{\omega}$ を求めよ．

(b) 地表にある粒子のラグランジアンを $\boldsymbol{\rho}$ を用いて表せ．ただし，粒子の運動は地球の半径に比べて十分小さいとしてよい．

(c) 振り子の運動を記述するため $\boldsymbol{\rho}$ を極座標で表し，$|\boldsymbol{\rho}| = \ell$ で一定として振り子のラグランジアンを導け．

(d) 振り子の振幅が小さいとして，運動方程式を解き，振り子が揺れる面の回転角と角速度の大きさ $\omega$ の関係を求めよ．

## 考え方

フーコーの振り子の振動面の回転を見るには上手く座標をとる必要がある．図 5.2 のような地表の座標系 (X,Y,Z) での振り子のおもりの位置が $\boldsymbol{\rho}$ である．対応した地球の中心を原点とした静止系におけるおもりの座標 $\boldsymbol{q}$ は

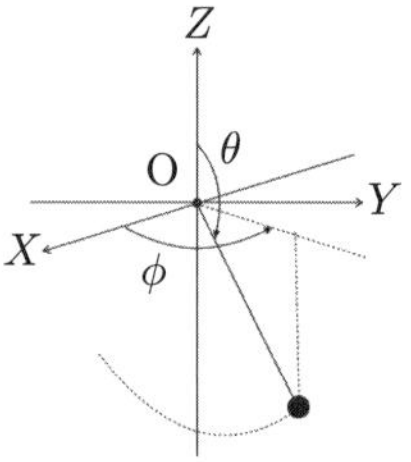


図 5.2

$$\boldsymbol{q} = \Lambda(\boldsymbol{Q}_0 + \boldsymbol{\rho})$$

と書ける．ただし，$\Lambda$ は式 (5.3) の回転行列である．ここで，位置ベクトルを回転座標系で表す場合，原点は地球の中心としていることに注意が必要である．一方，振り子の運動は図 5.2 のような支点を原点とした極座標で表す．ここでは，標準的な極座標の定義を採用しているので，振れ角は $\tilde{\theta} = \pi - \theta$ で与えられる．

## ‖解答‖

(a) 回転座標系で見た角速度ベクトルは

$$\boldsymbol{\omega} = \begin{pmatrix} -\omega\cos\alpha \\ 0 \\ \omega\sin\alpha \end{pmatrix}.$$

(b) $\boldsymbol{Q}_0$ は時間によらないので $\dot{\boldsymbol{Q}} = \dot{\boldsymbol{\rho}}$ が成り立つ．回転系のラグランジアン (5.6) に代入し遠心力を無視すると，ラグランジアンは

$$L = \frac{1}{2}m\dot{\boldsymbol{\rho}}^2 + m\boldsymbol{\omega}\cdot((\boldsymbol{Q}_0 + \boldsymbol{\rho}) \times \dot{\boldsymbol{\rho}}) - V.$$

**ワンポイント解説**

・振り子は地球と共に回っており，$\boldsymbol{Q}_0$ は，回転系で見た支点の位置で時間によらない．

ここで，第 2 項の $\boldsymbol{Q}_0$ の項は全微分なので落としてよい．また，地上では重力が $Z$ 軸方向に働くのでポテンシャルは $V = mgZ$ である．よって，座標 $\boldsymbol{\rho}$ で書いたラグランジアンは

$$L = \frac{1}{2}m\dot{\boldsymbol{\rho}}^2 + m\boldsymbol{\omega}\cdot(\boldsymbol{\rho}\times\dot{\boldsymbol{\rho}}) - mgZ.$$

(b) 変数 $\boldsymbol{\rho}$ を極座標 $(r, \theta, \phi)$ で表示する．発展問題 **1-2** の極座標の基底の成分表示を使い，$|\boldsymbol{\rho}| = r = \ell$ で一定であることを使うと

$$\begin{aligned}\boldsymbol{\rho} &= \ell\boldsymbol{e}_r\ ,\\ \dot{\boldsymbol{\rho}} &= \ell\dot{\boldsymbol{e}}_r = \ell\dot{\theta}\boldsymbol{e}_\theta + \ell\dot{\phi}\sin\theta\boldsymbol{e}_\phi\end{aligned}$$

となり，外積は

$$\begin{aligned}\boldsymbol{\rho}\times\dot{\boldsymbol{\rho}} &= \ell^2(\dot{\theta}\boldsymbol{e}_\phi - \dot{\phi}\sin\theta\boldsymbol{e}_\theta)\\ &= \ell^2\begin{pmatrix}-\dot{\theta}\sin\phi - \dot{\phi}\sin\theta\cos\theta\cos\phi\\ \dot{\theta}\cos\phi - \dot{\phi}\sin\theta\cos\theta\sin\phi\\ \dot{\phi}\sin^2\theta\end{pmatrix}\end{aligned}$$

となる．$\boldsymbol{\omega}$ との内積から $\boldsymbol{\omega}\cdot(\boldsymbol{\rho}\times\dot{\boldsymbol{\rho}})$ の極座標表示が求まる．よって，ラグランジアンは

$$\begin{aligned}L = {}&\frac{m\ell^2}{2}(\dot{\theta}^2 + \dot{\phi}^2\sin^2\theta)\\ &+ m\ell^2\omega\cos\alpha(\dot{\theta}\sin\phi + \dot{\phi}\sin\theta\cos\theta\cos\phi)\\ &+ m\ell^2\omega\sin\alpha\dot{\phi}\sin^2\theta - mg\ell\cos\theta\end{aligned}$$

となる．

(c) 微小振動の近似を行うために，振れ角を $\tilde{\theta} = \pi - \theta$ として，$\tilde{\theta} \ll 1$ の近似をすると，ラグランジアンは

・万有引力

$$V = -\frac{\alpha}{|\boldsymbol{q}|}$$

に

$$\boldsymbol{q} = \Lambda(\boldsymbol{Q}_0 + \boldsymbol{\rho})$$

を代入し，$|\boldsymbol{\rho}| \ll |\boldsymbol{Q}_0|$ とすれば，支点近傍の重力が重力加速度 $g$ を与える．

・この成分表示の基底は回転座標系である．よって，同じく回転座標系で表した角速度ベクトル $\boldsymbol{\omega}$ と内積をとるのがよい．

$$L \simeq \frac{m\ell^2}{2}(\dot{\tilde{\theta}}^2 + \dot{\phi}^2\tilde{\theta}^2) + m\ell^2\omega\sin\alpha\tilde{\theta}^2\dot{\phi}$$
$$- m\ell^2\omega\cos\alpha(\sin\phi\dot{\tilde{\theta}} + \cos\phi\dot{\phi}\theta) - mg\ell\left(1 - \frac{1}{2}\tilde{\theta}^2\right)$$
$$= m\ell^2\left(\frac{1}{2}(\dot{\tilde{\theta}}^2 + \dot{\phi}^2\tilde{\theta}^2) + \Omega\tilde{\theta}^2\dot{\phi} + \frac{g}{\ell}\left(1 - \frac{1}{2}\tilde{\theta}^2\right)\right) .$$

・$m\ell^2\cos\alpha$ に比例する項は時間の全微分なので，ラグランジアンからは落とした．

と書ける．ここで，$\Omega = \omega\sin\alpha$ である．

$\phi$ の運動方程式は

$$\frac{d}{dt}(\dot{\phi}\tilde{\theta}^2 + \Omega\tilde{\theta}^2) = 0 .$$

$\phi$ に関する方程式は積分できて

$$(\dot{\phi} + \Omega)\tilde{\theta}^2 = 一定 .$$

$\tilde{\theta}$ が一定になると振動しないので，これが成り立つためには

$$\dot{\phi} + \Omega = 0 .$$

よって，$\phi = -\Omega t + \phi_0$. これより 1 日に $\Omega = 2\pi\sin\alpha$ だけ振り子の振動面が上から見て時計回りに回転する．

・地球の角速度 $\omega$ は $\omega\times$ (24 時間) $= 2\pi$ である．

$\tilde{\theta}$ の運動方程式は

$$\ddot{\tilde{\theta}} = \left(-\Omega^2 + \frac{g}{\ell}\right)\tilde{\theta}$$

となり，振り子は周期が $T = \frac{2\pi}{\sqrt{\frac{g}{\ell} - \omega^2\sin^2\alpha}}$ の振動をする．

重要度
★★★★★

# 6　作用と変分原理

微分方程式の形で与えられた運動方程式は，ある時刻の粒子の位置と速度という局所的な情報から，その微小時間後の位置と速度を与える．粒子の運動はその繰り返しで定まっていく．一方，変分法は大局的な量に基づき変分原理と呼ばれる形で運動の法則を与える．

## 《内容のまとめ》

### 仮想仕事の原理

仮想仕事の原理は，平衡状態を決定するときに使われる変分原理のもっとも基本的な形であり，変分法を使った力学の定式化の基礎となる．

ある物体にいくつかの外力 $\boldsymbol{F}_1, \ldots, \boldsymbol{F}_n$ がかかっているとき，その物体を仮想的に $\delta\boldsymbol{r}$ だけ移動させることを考える．このとき $\delta\boldsymbol{r}$ を仮想変位と呼ぶ．仮想変位に対し，力 $\boldsymbol{F}_i$ による仕事は通常の仕事と同様に

$$\delta W_i = \boldsymbol{F}_i \cdot \delta\boldsymbol{r}$$

である．仮想仕事の原理は平衡点では仮想変位による仕事の総和が 0 であることを主張する，つまり

$$\sum_{i=1}^{n} \delta W_i = 0 \tag{6.1}$$

を意味する．これより，合力と仮想変位が常に直交する，つまり

$$\left(\sum_{k=1}^{n} \boldsymbol{F}_k\right) \cdot \delta\boldsymbol{r} = 0 \tag{6.2}$$

を満たすことが導かれる．

## 最小作用の原理

ラグランジアンの時間積分

$$S[q] = \int_{t_i}^{t_f} dtL(q_1, \ldots, q_n, \dot{q}_1, \ldots, \dot{q}_n, t) \tag{6.3}$$

を作用と呼ぶ．粒子の軌道，つまり一般化座標 $q_i(t)$ が時間の関数として与えられていれば，作用は計算することができる．関数を変数として扱い，関数が定まれば値が定まる「関数の関数」を汎関数と呼ぶ．汎関数の微分法に相当する演算が変分法または汎関数微分である．関数 $q_i(t)$ とわずかに異なる関数 $\tilde{q}_i(t)$ を考え，その差を

$$\delta q_i(t) = \tilde{q}_i(t) - q_i(t) \tag{6.4}$$

とする．汎関数の変分は

$$\delta S[q] = S[\tilde{q}] - S[q] = S[q + \delta q] - S[q] \tag{6.5}$$

で与えられる．微分の場合と同様に，軌道 $q_i(t)$ を変化させたとき作用 $S[q]$ が極値をとるための必要条件は $\delta S = 0$ で与えられる．この極値を与える軌道を停留曲線，または停留関数と呼ぶ．

運動の始点と終点が指定されたとき，運動は作用 $S$ の値を最小にするように実現される．これを最小作用の原理と呼ぶ（歴史的にはハミルトンの原理と呼ばれる）．作用の極値の条件は，

$$\delta S[q] = 0 \tag{6.6}$$

と表される．この条件は，一般化座標 $q_i$ の数だけの微分方程式を与え，それぞれの変数に関して

$$\frac{\delta S}{\delta q_i} = \frac{d}{dt}\frac{\partial L}{\partial \dot{q}_i} - \frac{\partial L}{\partial q_i} = 0 \tag{6.7}$$

となり，ラグランジュ方程式を導く．ただし，ラグランジュ方程式を変分で導く場合，指定されている始点と終点における変分 $\delta q$ は 0 である（例題 **18**）．変分原理はオイラーによって定式化されたので，変分原理を使う場合，ラグランジュ方程式をオイラー・ラグランジュ方程式と呼ぶことがある．

## 例題 17　仮想仕事の原理

図 6.1 のように $x$-$y$ 平面内の半径 $R$ の円周上を滑らかに動く質量 $m$，電荷 $e$ の荷電粒子を考える．$x$ 軸方向に電場 $\boldsymbol{E} = \begin{pmatrix} E \\ 0 \end{pmatrix}$ がかっている．また，$y$ 軸方向に重力が存在する．つり合い点を仮想仕事の原理を使って求めよ．

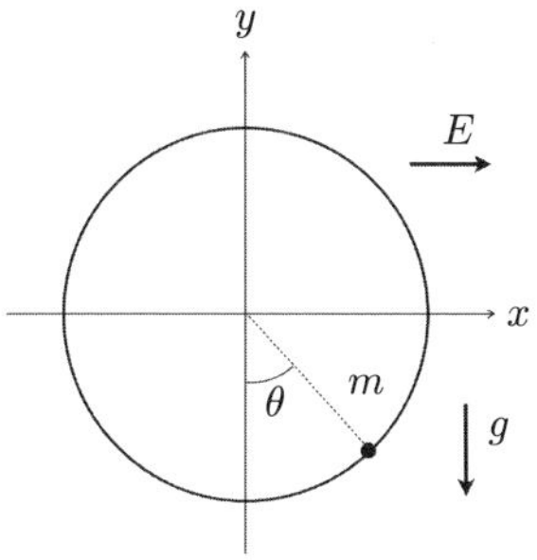


図 6.1

## 考え方

仮想仕事の原理で平衡点を求める基本的問題である．平衡点では仮想変位が粒子に働く合力と恒等的に直交することを使って求める．応用上重要なことは，仮想仕事の原理を使うとき，仮想変位は束縛条件を満たすようにとることができることである．つまり，この例題の場合，円周上の仮想変位を考えれば十分である．

## ‖解答‖

仮想変位のベクトルを

$$\delta \boldsymbol{r} = \begin{pmatrix} \delta x \\ \delta y \end{pmatrix}$$

とする．ここで，粒子は円周上に束縛されているので円周に沿った仮想変位を考える．このために，座標を

$$x = R\cos\theta, \quad y = R\sin\theta$$

**ワンポイント解説**

・これは，極座標で動径 $r$ に束縛条件 $r = R$ を代入したと考えられる．

と $y$ 軸からの回転角 $\theta$ で表し仮想変位を考える．つまり，仮想変位のベクトルは角度 $\theta$ の微小変化を $\delta\theta$ として

$$\delta x = -R\sin\theta\delta\theta, \quad \delta y = R\cos\theta\delta\theta$$

で与えられる．

つり合い点では仮想仕事の原理より，合力 $\boldsymbol{F}_E + \boldsymbol{F}_g$ と仮想変位の内積に

$$(\boldsymbol{F}_E + \boldsymbol{F}_g)\cdot\delta\boldsymbol{r} = 0$$

という関係が成り立つ．合力を代入するとこれは，

$$eE\delta x - mg\delta y = 0$$

を与える．さらに，円上の仮想変位の式を代入すると

$$-eEr\sin\theta\delta\theta - mgr\cos\theta\delta\theta = 0$$

を得る．仮想仕事の原理から，この方程式を満たす角度 $\theta$ が平衡点の粒子の位置を与える．方程式を変形すると

$$\frac{mg}{eE} = -\tan\theta$$

を得る．これによって決まる角度 $\theta$ の所で，粒子はつり合っている．

最後につり合い点の座標は

$$\cos^2\theta = \frac{1}{1+\tan^2\theta} = \frac{1}{1+\frac{m^2g^2}{e^2E^2}}$$

なので

$$x = r\sqrt{\frac{e^2E^2}{e^2E^2+m^2g^2}}, \quad y = r\sqrt{\frac{m^2g^2}{e^2E^2+m^2g^2}}$$

である．

・働いている合力

$$\boldsymbol{F}_E + \boldsymbol{F}_g = \begin{pmatrix} eE \\ -mg \end{pmatrix}$$

と $\delta\boldsymbol{r}$ の内積をとればよい．

## 例題 17 の発展問題

**17-1.** 図 6.2 のように両端が天井の 2 点 O, P に固定されたロープに，質量が $m_{\mathrm{A}}$, $m_{\mathrm{B}}$ の荷物をロープ上の 2 点 A と B にぶら下げた．つり合った状態でロープ AO, AB, BP と水平線のなす角度を $\alpha$, $\theta$, $\beta$ とすると

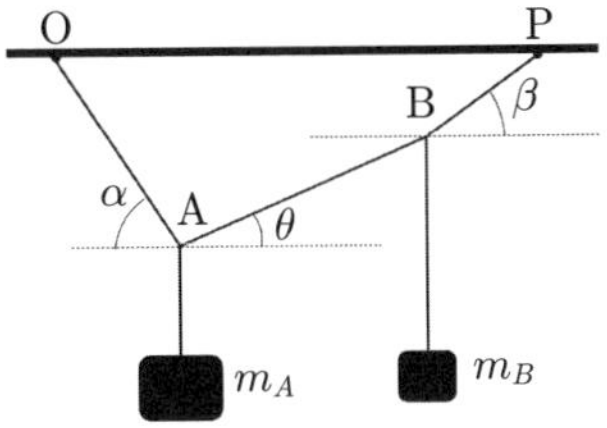


図 6.2

$$\frac{\tan\alpha}{m_{\mathrm{A}}} - \frac{\tan\beta}{m_{\mathrm{B}}} = \frac{m_{\mathrm{A}} + m_{\mathrm{B}}}{m_{\mathrm{A}} m_{\mathrm{B}}} \tan\theta$$

が成り立つことを示せ．ただし，ロープの質量は無視してよく，伸びることは無いとする．また天井と垂直下向きに重力がかかっている．

## 例題 18　変分法

あるパラメータ $s$ の関数 $f(s)$ が与えられると値が定まる，次のような汎関数 $I[f]$

$$I[f] = \int_{s_0}^{s_1} dsF(f(s), f'(s))$$

を考える．ただし，$F(f, f')$ は $f(s)$ とその微分 $f'(s) = \frac{df}{ds}$ からなる $s$ の関数である．汎関数 $I$ の変分 $\delta I$ を求め，停留関数が満たす微分方程式を求めよ．ただし，関数の微小変化 $\delta f$ は積分区間の両端では $\delta f(s_0) = \delta f(s_1) = 0$ とする．

### 考え方

変分の手法そのものは，力学の問題以外にも使われ，一般に変分法と呼ばれる．例題では，あるパラメータ $s$ の関数 $f(s)$ が与えられたとき，$f$ とその微分 $f'$ で定義される汎関数 $I$ を考える．すると，汎関数の停留関数はラグランジュ方程式と同じ形をした方程式を満たすことがわかる．

発展問題では，これを応用することで最小作用の原理がオイラー・ラグランジュ方程式を導くことを示している．対応したエネルギーに相当する量が $s$ によらない量を与えることがわかる．

### ‖解答‖

関数の微小変化を $\delta f$ とすると汎関数 $I$ の変分は

$$\delta I[f] = I[f + \delta f] - I[f]$$

である．積分による $I$ の定義に適用し，$\delta f$ の 1 次の項まで展開すると

$$\delta I[f] = \int_{s_0}^{s_1} ds \left( F(f + \delta f, f' + \delta f') - F(f, f') \right)$$
$$= \int_{s_0}^{s_1} ds \left( \frac{\partial F}{\partial f}\delta f + \frac{\partial F}{\partial f'}\delta f' \right) .$$

$\delta f'$ を含む項を部分積分すると

**ワンポイント解説**

・$\delta f(s)$ は十分滑らかな関数で $\delta f'(s)$ も $s$ のすべての値で微小量と仮定し，$\delta f'$ についても展開の 1 次まで考える．

$$\delta I[f] = \int_{s_0}^{s_1} ds \left( \frac{\partial F}{\partial f} - \frac{d}{ds}\frac{\partial F}{\partial f'} \right) \delta f + \frac{\partial F}{\partial f'}\delta f \bigg|_{s_0}^{s_1} .$$

仮定より，端点の寄与は落ちるので

$$\delta I[f] = \int_{s_0}^{s_1} ds \left( \frac{\partial F}{\partial f} - \frac{d}{ds}\frac{\partial F}{\partial f'} \right) \delta f$$

のようにまとめることができる．関数の微小変化は任意なので，

$$\frac{\partial F}{\partial f} - \frac{d}{ds}\frac{\partial F}{\partial f'} = 0$$

が導かれる．

## 例題 18 の発展問題

**18-1.** $f(s)$ が停留関数ならば

$$C = f'\frac{\partial F}{\partial f'} - F$$

は，$s$ によらないことを示せ（これを第 **1** 積分と呼ぶ）．

**18-2.** 最小作用の原理がラグランジュ方程式を導くことを示せ．

## 例題 19　最短距離

2 次元ユークリッド空間 $(x,y)$ 中で 2 点間をつなぐ最短距離の軌道は直線であることを示せ.

### 考え方

変分法の代表的な問題は，ある 2 点間を結ぶ曲線の中で最短距離を与える曲線を求める問題である．平面上の 2 点ならば直線になり，球面上の 2 点ならば大円だが，複雑に起伏のある地形で考えるとその答えは単純ではない.

平面上のある 2 点間を結ぶ曲線の長さは，線分の微小線素

$$dl = \sqrt{dx^2 + dy^2}$$

を曲線に沿って線積分することで求まる．よって，2 点間の軌道が $s$ をパラメータとして，$\boldsymbol{r}(s) = \begin{pmatrix} x(s) \\ y(s) \end{pmatrix}$ で与えられるならば，

$$I = \int ds \sqrt{x'^2 + y'^2}$$

と表される．ただし，$f' = \frac{df}{ds}$ のように $\square'$ は $s$ 微分を表す．パラメータ $s$ を時間と思えば，$I$ は速さの時間積分であり移動距離になる．発展問題として挙げている最速降下線問題は歴史的にも有名な問題である.

### ‖解答‖

**ワンポイント解説**

2 点間を結ぶ距離 $I$ の被積分関数を

$$F = \sqrt{x'^2 + y'^2}$$

と書く．この極値は $s$ を時間と思ったときのオイラー・ラグランジュ方程式

$$\frac{d}{ds}\frac{\partial F}{\partial x'} = \frac{\partial F}{\partial x}, \quad \frac{d}{ds}\frac{\partial F}{\partial y'} = \frac{\partial F}{\partial y}$$

で定まる．$F$ は $x, y$ そのものを含まないので，方程式の右辺は 0 になる．よって，$C_x, C_y$ を定数とすると

$$\frac{\partial F}{\partial x'} = C_x\ ,\quad \frac{\partial F}{\partial y'} = C_y$$

である．$F$ の $x', y'$ による微分を実行すると

$$\frac{x'}{\sqrt{x'^2 + y'^2}} = C_x\ ,\quad \frac{y'}{\sqrt{x'^2 + y'^2}} = C_y\ .$$

この連立方程式を解けばよいのだが，今の場合軌道を求めればよいので，上の式の比をとってやればよい．すると，

$$\frac{y'}{x'} = \frac{dy}{dx} = \frac{C_y}{C_x} = \alpha\ .$$

ここに，$\alpha$ は定数である．よって軌道を表す式は

$$y = \alpha x + \beta$$

となり，直線になることが示された．ただし，定数 $\alpha, \beta$ は 2 点の位置により定まる．

厳密には，$x' = 0$ の場合は別に議論する必要がある．その場合 $x = \beta$ が得られ，やはり直線である．

## 例題 19 の発展問題

**19-1.** 図 6.3 のように原点から，点 $(x_f, y_f)$ を終点とする滑り台を作る．滑り台の形状を関数 $f(x)$ としたとき，質量 $m$ の物体が原点から滑り始めて終点にもっとも早く到達する滑り台の関数形を**最速降下線**と呼ぶ．ただし，物体は滑り台から離れることはなく，摩擦は無視してよい．また，重力加速度を $g$ とする．最速降下線がサイクロイドになることを示せ．

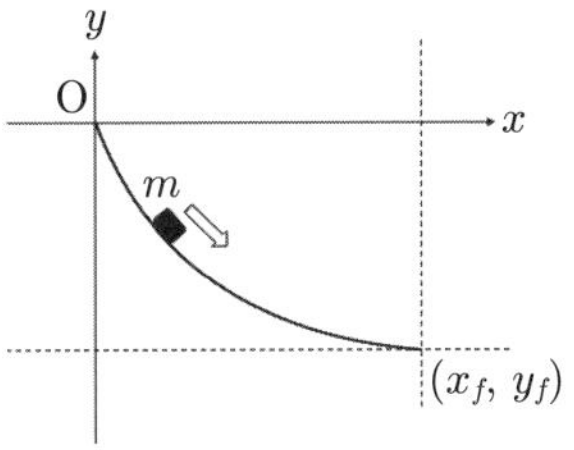


図 6.3

重要度
★★

# 7 拘束系とラグランジュの未定係数法

## 《 内容のまとめ 》

### 拘束系

レール上しか運動できないジェットコースターのように，運動が制限をうけている系を拘束系と呼ぶ．典型的には，座標 $q_i$ 間に関係 $f(q)=0$ がある場合である．例えば，例題 3 で考えた振り子は紐につながれているので 2 次元の座標の間に $\sqrt{x^2+y^2}-\ell=0$ という関係がある．このような条件を拘束条件と呼ぶ．

### ラグランジュの未定係数法

ラグランジアンを使った場合，拘束条件 $f(q)$ に未定係数 $\lambda$ を掛けた項をラグランジアンに加えて得られるラグランジュ方程式を解くことで拘束条件を満たすような解が見つかる．例えば，振り子の場合

$$L=\frac{1}{2}m(\dot{x}^2+\dot{y}^2)-mgy+\lambda(\sqrt{x^2+y^2}-\ell) \tag{7.1}$$

を考えればよい．新しい項は，運動がちょうど拘束条件を満たすのに必要な力を与える．このような力を拘束力と呼ぶ．一方，$\lambda$ についての変分，つまり未定係数の運動方程式は拘束条件を与える．振り子の場合，2 次元の極座標 $(x=r\sin\theta,\ y=-r\cos\theta)$ に変換してみると

$$L=\frac{1}{2}m(\dot{r}^2+r^2\dot{\theta}^2)+mgr\cos\theta+\lambda(r-\ell)\ . \tag{7.2}$$

未定係数による変分は拘束条件 $r-\ell=0$ を与える．一方，$r$ に関する方程式

は

$$m\ddot{r} = mr\dot{\theta}^2 + mg\cos\theta + \lambda \tag{7.3}$$

であり，拘束条件を代入すると $\lambda = -m\ell\dot{\theta}^2 - mg\cos\theta$ となるが，これは紐の張力である．$\theta$ の運動方程式は

$$mr^2\ddot{\theta} = -mgr\sin\theta \tag{7.4}$$

となり，拘束条件を代入すると振り子の運動方程式になる．

#### 複数の拘束条件がある場合

一般化座標 $q_i\,(i = 1, \ldots, N)$ の系で $h$ 個の拘束条件 $f_\mu(q_i) = 0\,(\mu = 1, \ldots, h)$ がある場合，拘束がない場合のラグランジアン $L(q)$ に，$h$ 個のラグランジュ未定係数 $\lambda_\mu$ と拘束条件から得られる項を加えて

$$L_\lambda = L + \sum_{\mu=1}^{h} \lambda_\mu f_\mu \tag{7.5}$$

とすれば，拘束系の運動方程式が求まる．

### 例題 20　坂を滑るおもり

角度が $\theta$ の滑らかな坂を滑る質量 $m$ のおもりの運動を拘束系として考える．$x$-$y$ 座標は，図 7.1 のように原点を重心が通過するようにとり，おもりの重心の位置ベクトルを $\boldsymbol{r} = \begin{pmatrix} x \\ y \end{pmatrix}$ とする．斜面に垂直な単位ベクトルを $\boldsymbol{e}_\lambda = \begin{pmatrix} \sin\theta \\ \cos\theta \end{pmatrix}$ とし，拘束条件を $f = \boldsymbol{r} \cdot \boldsymbol{e}_\lambda = 0$ と書く．重力加速度を $g$ として以下の問いに答えよ．

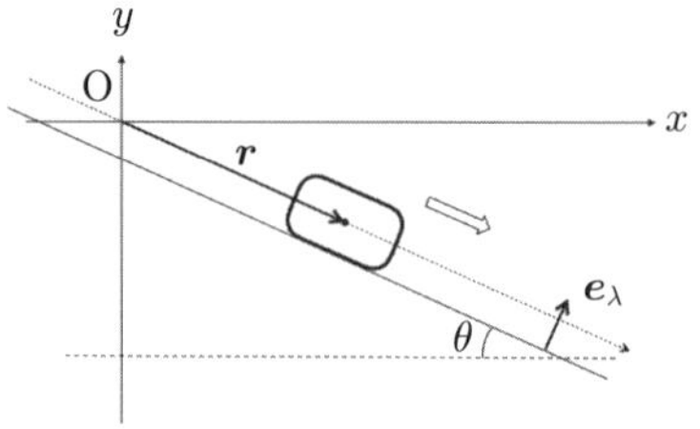


図 7.1

(a) ラグランジュの未定係数 $\lambda$ を使って，自由落下するおもりに拘束を加えた場合のラグランジアンを書け．

(b) 未定係数を定め，拘束力 $\boldsymbol{F}_\lambda$ を求めよ．

(c) おもりの斜面に沿った方向の運動方程式を書き，斜面に対する相対的加速度を求めよ．

---

## 考え方

よく見る斜面を滑る物体の運動をラグランジュ未定係数法を用いて解いてみる．重力の下での粒子のラグランジアンに，拘束条件を与える関数 $f$ にラグランジュ未定係数 $\lambda$ を掛けた項を加えるとラグランジアンが得られ，ラグランジュ方程式には $\lambda$ による項が新たな力として加わる．未定係数 $\lambda$ の大きさは，運動方程式と拘束条件やその微分を組み合わせて定める．結果，新たな項は運動が拘束条件に従うように働いている拘束力であることがわかる．

## ‖解答‖

(a) 拘束系のラグランジアン：

$$L = \frac{1}{2}m(\dot{x}^2 + \dot{y}^2) - mgy + \lambda(x\sin\theta + y\cos\theta).$$

(b) ラグランジュ方程式は

$$m\ddot{x} = \lambda\sin\theta$$

$$m\ddot{y} = -mg + \lambda\cos\theta$$

である．ベクトル表示をすると

$$m\ddot{\boldsymbol{r}} = -mg\boldsymbol{e}_y + \lambda\boldsymbol{e}_\lambda\ .$$

ただし，$\boldsymbol{e}_y = \begin{pmatrix} 0 \\ 1 \end{pmatrix}$．一方，拘束条件の時間微分から $\ddot{f} = \ddot{\boldsymbol{r}} \cdot \boldsymbol{e}_\lambda = 0$．よって，運動方程式を使うと拘束条件は

$$\begin{aligned} m\ddot{\boldsymbol{r}} \cdot \boldsymbol{e}_\lambda &= (-mg\boldsymbol{e}_y + \lambda\boldsymbol{e}_\lambda) \cdot \boldsymbol{e}_\lambda \\ &= -mg\cos\theta + \lambda = 0 \end{aligned}$$

と書け，未定係数が $\lambda = mg\cos\theta$ と決まる．運動方程式から，拘束力は，

$$\boldsymbol{F}_\lambda = mg\cos\theta\boldsymbol{e}_\lambda$$

であり，垂直抗力を与えていることがわかる．

(c) (a) で求めた未定係数 $\lambda$ を運動方程式に代入すると

$$m\ddot{\boldsymbol{r}} = -mg\boldsymbol{e}_y + mg\cos\theta\boldsymbol{e}_\lambda$$

を得る．斜面方向の成分を取り出すために，斜面に沿った単位ベクトル $\boldsymbol{e}_\xi = \begin{pmatrix} \cos\theta \\ -\sin\theta \end{pmatrix}$ を導入し，始点が原点の斜面に沿った座標を $\xi = \boldsymbol{e}_\xi \cdot \boldsymbol{r} = x\cos\theta - y\sin\theta$ とする．運動方程式の斜面方向の成分は

**ワンポイント解説**

・拘束は $f = \boldsymbol{r} \cdot \boldsymbol{e}_\lambda = x\sin\theta + y\cos\theta$ である．

・運動方程式は未定係数が入ったままでよい．これらの方程式と，未定係数を変分して求まる拘束条件を連立させて解く．

・未定係数に比例している項が，拘束があるために加わった力で，$\lambda = 0$ とすれば自由落下する粒子の運動方程式になる．

$$m\boldsymbol{e}_\xi \cdot \ddot{\boldsymbol{r}} = -mg\boldsymbol{e}_y \cdot \boldsymbol{e}_\xi$$

なので，

$$m\ddot{\xi} = mg\sin\theta$$

となり，加速度が $g\sin\theta$ の等加速度運動をすることがわかる．

$\cdot\ \boldsymbol{e}_\lambda \cdot \boldsymbol{e}_\xi = 0$ である．

## 例題 20 の発展問題

**20-1.** 図 7.2 のように例題の斜面を質量 $M$ のなめらかに動く台に置き換える．おもりがすべて静止した状態で原点から静かに滑り始めたとして，台の加速度と台に対するおもりの相対的加速度を求めよ．ただし，$x$-$y$ 座標は例題と同様にとり，台と共に動く座標系とする．また，静止系における台の重心の座標を $X$ とする．

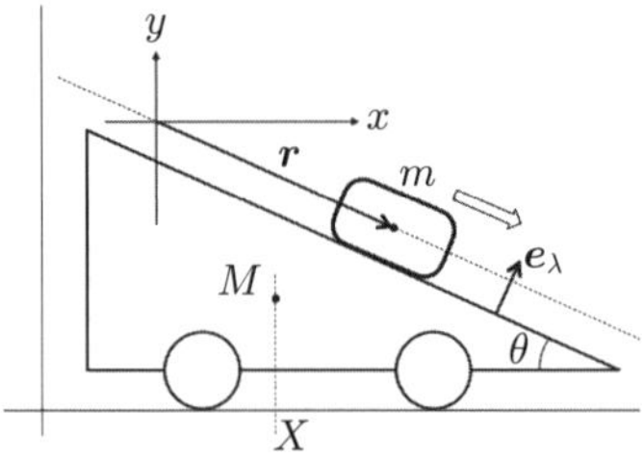


図 7.2

## 例題 21　ヨーヨー

質量が $m$ の一様な円盤で作ったヨーヨーを考える．円盤の半径は $a$ であり，紐は円周に巻き付ける．円盤は図 7.3 のように $z$ 軸を鉛直下向きにとった $x$-$z$ 座標面内を運動する．紐の上端は十分に高い位置に固定されており円盤の中心 Q は $z$ 軸に沿って運動するとし，Q の座標を $(0, z)$ ととる．また円周上に点 P をとり，QP と水平線のなす角 $\phi$ を図のように定義し，中心が原点にあるとき $\phi = 0$ とする．重力加速度を $g$ として以下の問いに答えよ．

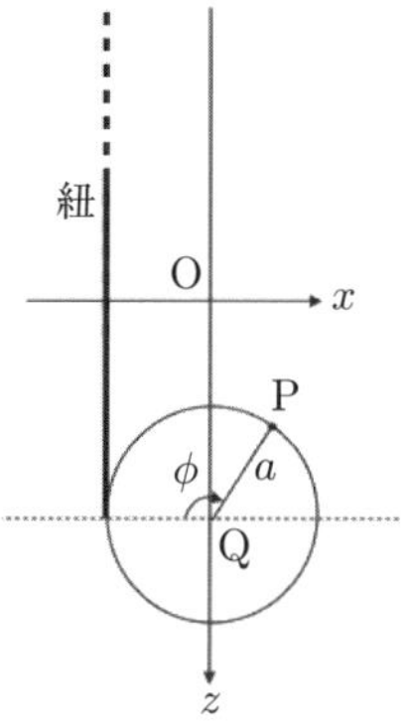


図 7.3

(a) 円盤の運動のラグラジアンを，ラグランジュ未定係数を $\lambda$ として書け．

(b) 中心が原点の状態で静かに手を離した．円盤の運動を求めよ．

### 考え方

未定係数法を使う利点は，まず拘束が無い場合の物体に関するラグランジアンから始められることである．拘束条件は独立に未定係数を使って導入する．この問題では，まず重心と回転それぞれの運動エネルギーを独立に考えてよい．

### 解答

(a) 円盤の回転角 $\phi$ と位置 $z$ の間の拘束は $z = a\phi$ なので，ラグランジアンは，

**ワンポイント解説**

$$L = \frac{1}{2}m\dot{z}^2 + \frac{1}{2}I\dot{\phi}^2 + mgz + \lambda(z - a\phi)$$

である．

・それぞれの項は，重心運動と回転運動の運動エネルギーとポテンシャルエネルギーである．

(b) ラグランジュ方程式と拘束条件は

$$m\ddot{z} = mg + \lambda,\ I\ddot{\phi} = -\lambda a,\ z = a\phi$$

である．最初の 2 式を組み合わせて $\lambda$ を消去すると

$$m\ddot{z} = mg - \frac{I}{a}\ddot{\phi} = mg - \frac{I}{a^2}\ddot{z}$$

・ここで，拘束条件を微分して得られる関係式 $\ddot{z} = a\ddot{\phi}$ を使った．

を得る．慣性モーメントを代入して整理すると

$$\ddot{z} = \frac{2}{3}g.$$

・円盤の慣性モーメントは $I = \frac{1}{2}ma^2$ である．

よって，ヨーヨーは $\frac{2}{3}g$ の等加速度で落下する．方程式を解き，初期条件 $z(0) = 0,\ \dot{z}(0) = 0$ を使うと

$$z = \frac{g}{3}t^2$$

となる．

## 例題 21 の発展問題

**21-1.** 例題 **21** の紐にかかっている張力を求めよ．

**21-2.** 例題 **10** の，質量が $m_1$ と $m_2$ の 2 個のおもりが質量のない紐で滑車に下げられて運動する問題をラグランジュの未定係数法を用いて考える．ラグランジアンを与え，おもりの加速度と張力を求めよ．

## 例題 22　等周問題

$x$-$y$ 平面上を速さ $v$ で等速運動する粒子を考える．粒子は $t=0$ で原点にあり $t=T$ で終点 $(x_f, 0)$ に達する．粒子の軌道と $x$ 軸で囲まれる領域の面積が最大になるのは軌道が円弧のときであることを示せ．ただし，粒子の運動は $y>0$ であり，$\dot{x}<0$ になることはないとする．また，速さは $\frac{x_f}{T} < v < \frac{1}{2}\frac{\pi x_f}{T}$ とする．

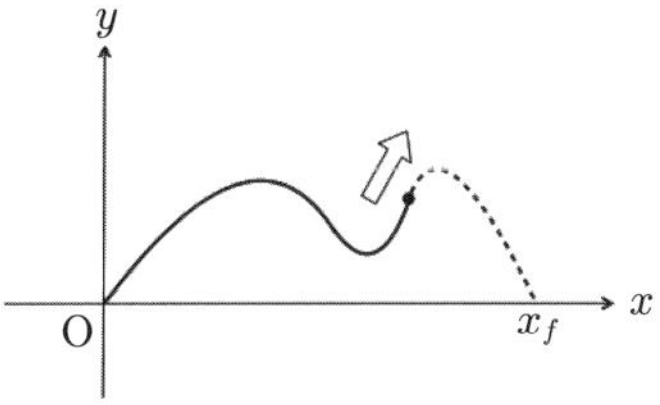


図 7.4

### 考え方

ラグランジュの未定係数法は運動方程式に限らず，一般に拘束条件がある場合の変分問題に適用できる．この例題は粒子の軌道と $x$ 軸で囲まれる領域の面積を最大にするという問題である．ただし，運動の時間 $T$ と速さ $v$ が一定なので移動距離，つまり軌跡の長さ $vT$ 一定という拘束条件がついており，いわゆる等周問題と等価である．軌道が $(x(t), y(t))$ で与えられるとすると，軌道と $x$ 軸とで囲まれる領域の面積は

$$A = \int_0^{x_f} y dx = \int_0^T y\dot{x} dt$$

であり，この面積の極値問題を拘束条件の下で解くことになる．

### ‖解答‖

ラグランジュの未定係数を $\lambda$ として，速さ一定の拘束条件での変分をとるべき量は

$$I = \int_0^T F dt = \int_0^T \left( y\dot{x} - \lambda \left( \sqrt{\dot{x}^2 + \dot{y}^2} - v \right) \right) dt.$$

$F$ に関するオイラー・ラグランジュ方程式は

**ワンポイント解説**

$$x: \quad \frac{d}{dt}\left(y - \frac{\lambda \dot{x}}{\sqrt{\dot{x}^2+\dot{y}^2}}\right) = 0 \ ,$$
$$y: \quad \frac{d}{dt}\frac{-\lambda \dot{y}}{\sqrt{\dot{x}^2+\dot{y}^2}} = \dot{x} \ .$$

2式とも時間の全微分になっているので，積分定数を $C_x, C_y$ として

$$y - \frac{\lambda \dot{x}}{\sqrt{\dot{x}^2+\dot{y}^2}} = C_y \ , \quad x + \frac{\lambda \dot{y}}{\sqrt{\dot{x}^2+\dot{y}^2}} = C_x$$

と書ける．$\dot{y}$ と $\dot{x}$ をそれぞれの式に掛けて，未定係数 $\lambda$ の項を消去すると

・これは，一方の式を $\lambda$ について解いて他方に代入するのと同じこと．

$$\dot{x}x + \dot{y}y = \dot{y}C_y + \dot{x}C_x \ .$$

これは

$$\frac{d}{dt}((x - C_x)^2 + (y - C_y)^2) = 0$$

と書き換えることができる．この方程式の解は $\ell^2$ を正定数として

$$(x - C_x)^2 + (y - C_y)^2 = \ell^2$$

と書け，中心が $(C_x, C_y)$ で半径が $\ell$ の円になる．よって軌道は円弧である．

## 例題22の発展問題

**22-1.** 円弧の中心の位置 $(C_x, C_y)$ を半径 $\ell$ と $x_f$ を使って与えよ．

**22-2.** 半径を与える条件式を求めよ．

| 重要度 |
| --- |
| ★★★★★ |

# 8 ハミルトン形式

ハミルトン形式は，$N$ 個の粒子の運動を $6N$ 次元の相空間中の運動として記述する．考える空間の次元が倍になることによって，座標変換の自由度も広がる．

## 《 内容のまとめ 》

ハミルトニアン

$N$ 粒子系の一般化座標 $q_i$ $(i = 1, \ldots, 3N)$ を用いてラグランジアン $L$ が与えられたとき，**正準共役運動量**（または単に**共役運動量**）$p_i$ を

$$p_i = \frac{\partial L}{\partial \dot{q}_i} \tag{8.1}$$

と定義する．$6N$ 個の変数 $(q_i, p_i)$ を**正準変数**と呼び，$q_i$ と $p_i$ は互いに**共役な変数**と呼ぶ．**ハミルトン形式**または**正準形式**では，正準変数を $6N$ 次元の**相空間** (phase space) の座標と考え，**正準座標**と呼ぶ．$N$ 粒子の運動は，正準座標の時間発展として相空間中の 1 粒子の運動と考えることになる．

ラグランジアンから**ルジャンドル変換**（例題 **24** 参照）によって独立変数を一般化速度 $\dot{q}_i$ から共役運動量 $p_i$ に変換して得られるラグランジアンのルジャンドル変換を**ハミルトニアン**と呼ぶ．ハミルトニアンは

$$H(q_i, p_i, t) = \sum_{i=1}^{3N} p_i \dot{q}_i - L(q_i, \dot{q}_i, t) \tag{8.2}$$

で定義される．ただし，右辺の $\dot{q}_i$ は式 (8.1) を解くことによって $q_i$ と $p_i$ の関数として表したものを代入する．つまり，ハミルトニアンは相空間上の関数である．ラグランジアンが時間 $t$ に顕わによらない場合，ハミルトニアンも顕わ

に時間によることはなく，正準変数 $(q_i, p_i)$ のみの関数となる．

### 正準方程式

ハミルトニアンを用いると運動方程式は

$$\dot{q}_i = \frac{\partial H}{\partial p_i}\ ,\quad \dot{p}_i = -\frac{\partial H}{\partial q_i} \tag{8.3}$$

という 2 組の 1 階連立偏微分方程式になる．これを**ハミルトン方程式**または**正準方程式**と呼ぶ．あるハミルトニアンの下では，初期値が与えられると正準方程式の解は相空間中の軌道を一つ定める．運動を相空間で記述すると，異なる初期値に対応する軌道が交わることは無い．

### 変分原理

正準方程式は次の作用汎関数

$$S[q,p] = \int_{t_0}^{t_1} \left( \sum_{i=1}^{3N} p_i \dot{q}_i - H(p,q) \right) dt \tag{8.4}$$

に，最小作用の原理を適用することで導くことができる．変分法を適用する場合は，$q_i, p_i$ を独立な関数として変分する（例題 **23** 参照）．

## 例題 23　変分原理と正準方程式

ハミルトニアンを使って表された作用 (8.4) に変分原理を適用してハミルトンの正準方程式を導け.

### 考え方

ハミルトン形式では独立変数は一般化座標 $q_i$ と共役運動量 $p_i$ であるので，その変数に関する変分をとればよい．運動方程式を求める場合，運動の始点と終点の座標 $q_i(t_0)$ と $q_i(t_1)$ の変分がゼロであることを忘れない.

### ‖解答‖

変分によって変化した座標 $q_i' = q_i + \delta q_i,\, p_i' = p_i + \delta p_i$ を $S$ に代入すると

$$
\begin{aligned}
S[q_i', p_i'] &= \int_{t_0}^{t_1} \left( \sum_i p_i' \dot{q}_i' - H(q', p') \right) dt \\
&= \int_{t_0}^{t_1} \left( \sum_i (p_i + \delta p_i)(\dot{q}_i + \delta \dot{q}_i) \right. \\
&\qquad\qquad \left. - H(q + \delta q, p + \delta p) \right) dt.
\end{aligned}
$$

さらに，変分に関して展開すると

$$
\begin{aligned}
S' = \int_{t_0}^{t_1} & \left( \sum_i (p_i \dot{q}_i + \delta p_i \dot{q}_i + p_i \delta \dot{q}_i) \right. \\
& \left. - H(q, p) - \sum_i \left( \frac{\partial H}{\partial q_i} \delta q_i + \frac{\partial H}{\partial p_i} \delta p_i \right) + \cdots \right) dt.
\end{aligned}
$$

ここで，変分 $\delta q, \delta p$ の 2 次以上の項を無視してまとめると

**ワンポイント解説**

・$\cdots$ は変分の 2 次以上の項.

$$
\begin{aligned}
S' = \int_{t_0}^{t_1} dt \left( \sum_i p_i \dot{q}_i - H(q,p) \right) \\
+ \int_{t_0}^{t_1} dt \left( \sum_i (\delta p_i \dot{q}_i + p_i \delta \dot{q}_i) \right. \\
\left. - \sum_i \left( \frac{\partial H}{\partial q_i} \delta q_i + \frac{\partial H}{\partial p_i} \delta p_i \right) \right) dt
\end{aligned}
$$

となる．最初の項は作用 $S$ なので，左辺に移行すると作用の変分 $\delta S = S' - S$ を与える．さらに，2 番目の $\delta \dot{q}$ を含む項を部分積分してまとめると，

$$
\begin{aligned}
\delta S = \int_{t_0}^{t_1} \left( \sum_i \left( \dot{q}_i - \frac{\partial H}{\partial p_i} \right) \delta p_i - \left( \dot{p}_i + \frac{\partial H}{\partial q_i} \right) \delta q_i \right) dt \\
+ \sum_i p_i \delta q_i \Big|_{t_0}^{t_1}
\end{aligned}
$$

を得る．最後の項は部分積分による境界項であるが，運動方程式を求める変分では，$\delta q(t_0) = 0$, $\delta q(t_1) = 0$ なのでゼロである．そこで，変分 $\delta S = 0$ の要請は，$\delta q_i$ と $\delta p_i$ が独立で任意と考えているので，その係数すべてがゼロになることを意味する．つまり

$$
\dot{q}_i - \frac{\partial H}{\partial p_i} = 0 \; , \quad \dot{p}_i + \frac{\partial H}{\partial q_i} = 0
$$

であり，これらは正準方程式に他ならない．

## 例題 24　正準方程式の例：単振り子

図 8.1 のように長さ $l$ の紐に質量 $m$ のおもりがついた振り子の問題を正準形式を使って考える．振れ角を $\theta$ とし鉛直下向きに重力 $g$ がかかっているとして，以下の問いに答えよ．

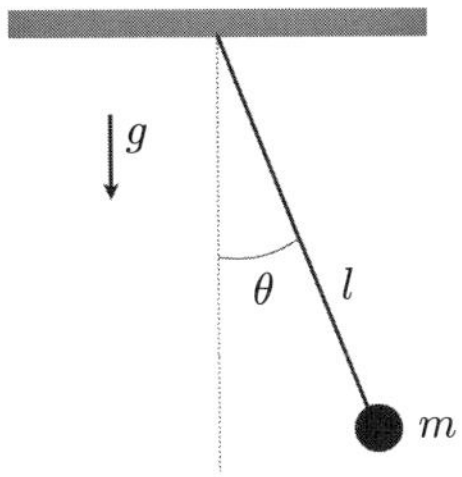


図 8.1

(a) ハミルトニアンを求めよ．

(b) 正準方程式を書け．

(c) 正準方程式とニュートン方程式が等価であることを示せ．

### 考え方

ハミルトニアンを求めるには，定義どおりラグランジアン（例題 **3** 参照）をルジャンドル変換する．具体的には次のステップを踏む．

1. 一般化座標 $q_i$ を使ってラグランジアンを作る．
2. 共役運動量 $p_i$ を求め，$\dot{q}_i$ を一般化座標と共役運動量で表す．
3. 求まった式を式 (8.2) の右辺の $\dot{q}_i$ に代入し，ハミルトニアンを相空間の関数として定める．

結果，ハミルトニアンが座標と運動量の関数として求まる．注意することは，ハミルトニアンが $(q_i, p_i, t)$ の関数であることであり，したがってハミルトニアンに一般化座標の時間微分 $\dot{q}_i$ が現れることはない．

ハミルトン形式では，1 階の連立微分方程式が得られるわけであるが，この連立方程式から運動量を消去することで，一般化座標に関する 2 階の微分方程式であるラグランジュ方程式を得ることができる．

## ‖解答‖

(a) 出発点となる振り子のラグランジアンは,

$$L = \frac{1}{2}ml^2\dot{\theta}^2 - mgl(1-\cos\theta)$$

である（例題 **3** 参照）．共役運動量は

$$p_\theta = ml^2\dot{\theta}\ .$$

ハミルトニアンは定義より

$$H = \dot{\theta}p_\theta - L$$

で与えられる．これに共役運動量で $\dot{\theta}$ を表し代入すると

$$H = \frac{p_\theta^2}{2ml^2} + mgl(1-\cos\theta)\ .$$

(b) 正準方程式は

$$\dot{\theta} = \frac{\partial H}{\partial p} = \frac{p_\theta}{ml^2}\ ,$$
$$\dot{p}_\theta = -\frac{\partial H}{\partial \theta} = -mgl\sin\theta\ .$$

(c) $\dot{\theta}$ に関する正準方程式の両辺を時間微分すると

$$\ddot{\theta} = \frac{\dot{p}_\theta}{ml^2}\ .$$

これに，$\dot{p}_\theta$ に関する 2 番目の正準方程式を代入すると，

$$\ddot{\theta} = \frac{1}{ml^2}(-mgl\sin\theta) = -\frac{g}{l}\sin\theta\ .$$

これは角速度が $\omega = \sqrt{g/l}$ の単振り子の運動方程式であり，ラグランジュ方程式と一致する．

### ワンポイント解説

・ステップ 1．手順に従ってラグランジアンから始める．

・ステップ 2．これを $\dot{\theta}$ について解いておく．

・ステップ 3．定義に従ってハミルトニアンを求める．

・ハミルトニアンに $\dot{\theta}$ が現れることはない．

## 例題 24 の発展問題

**24-1.** 例題 **2** において，おもりが電荷 $Q$ で帯電しているとする．一様静電場 $E$ が $x$ 軸正方向にかかっているときのハミルトニアンを求め，正準方程式を書け．

**24-2.** [一様静磁場中の荷電粒子のハミルトニアン] $z$ 方向の一様静磁場中の荷電粒子のハミルトニアンを求めよ（発展問題 **8-2** 参照）．

**24-3.** $z$ 軸周りに角速度 $\omega$ で回転する回転座標系における自由粒子のハミルトニアンを求めよ（例題 **15** (b) 参照）．

## 例題 25　正準形式と中心力問題

中心力の下での質量 $m$ の粒子の運動を極座標 $(r, \theta, \phi)$ とその共役運動量 $(p_r, p_\theta, p_\phi)$ を正準座標とする正準形式で考える．以下の問いに答えよ．

(a) デカルト座標における運動量ベクトル $\boldsymbol{p}$ と角運動量ベクトル $\boldsymbol{L}$ の各成分を極座標とその共役運動量で表示せよ．また，角運動量ベクトルの大きさの2乗 $\boldsymbol{L}^2$ を求めよ．

(b) 極座標におけるラグランジアン（例題 **5**）よりハミルトニアンを導け．ただし，中心力ポテンシャルを $V(r)$ とする．

---

### 考え方

中心力とはポテンシャルが中心からの距離のみによる力であった．中心力の場合，極座標が都合のよい座標系であり，ラグランジアンは

$$L = \frac{1}{2}m(\dot{r}^2 + r^2\dot{\theta}^2 + r^2\sin^2\theta\dot{\phi}^2) - V(r)$$

で与えられる．角運動量などを極座標で表示するには極座標における基底 (1.10) を使うことで計算が簡単になる．

### ‖解答‖

**ワンポイント解説**

(a) それぞれの座標の共役運動量は極座標のラグランジアンより

$$\begin{cases} p_r = \frac{\partial L}{\partial \dot{r}} = m\dot{r} \ , \\ p_\theta = \frac{\partial L}{\partial \dot{\theta}} = mr^2\dot{\theta} \ , \\ p_\phi = \frac{\partial L}{\partial \dot{\phi}} = mr^2\sin^2\theta\dot{\phi} \ . \end{cases}$$

位置ベクトルが，$\boldsymbol{r} = r\boldsymbol{e}_r$ であることを使うと

$$\begin{aligned} \boldsymbol{p} &= m\dot{\boldsymbol{r}} = m\dot{r}\boldsymbol{e}_r + mr\dot{\theta}\boldsymbol{e}_\theta + mr\sin\theta\dot{\phi}\boldsymbol{e}_\phi \\ &= p_r\boldsymbol{e}_r + \frac{1}{r}p_\theta\boldsymbol{e}_\theta + \frac{1}{r\sin\theta}p_\phi\boldsymbol{e}_\phi \ , \\ \boldsymbol{L} &= \boldsymbol{r}\times\boldsymbol{p} = r\boldsymbol{e}_r \times \left(p_r\boldsymbol{e}_r + \frac{1}{r}p_\theta\boldsymbol{e}_\theta + \frac{1}{r\sin\theta}p_\phi\boldsymbol{e}_\phi\right) \\ &= p_\theta\boldsymbol{e}_\phi - \frac{p_\phi}{\sin\theta}\boldsymbol{e}_\theta \ . \end{aligned}$$

・極座標における基底の外積は発展問題 **1-3** の結果を使う．

角運動量ベクトルの大きさは

$$\boldsymbol{L}^2 = p_\theta^2 + \frac{p_\phi^2}{\sin^2\theta} \ .$$

・極座標の基底の直交性を使う．

(b) ハミルトニアンは

$$\begin{aligned} H &= \dot{r}p_r + \dot{\theta}p_\theta + \dot{\phi}p_\phi - L \\ &= \frac{p_r^2}{2m} + \frac{p_\theta^2}{2mr^2} + \frac{p_\phi^2}{2mr^2\sin^2\theta} + V \end{aligned}$$

・問い $\dot{r}$, $\dot{\theta}$, $\dot{\phi}$ を運動量で表して代入する．

となる．

## 例題 25 の発展問題

**25-1.** 中心力では角運動量は保存する．そこで，角運動量の大きさを $\boldsymbol{L}^2 = \ell^2$（$\ell$ は定数）として，動径座標のみのハミルトニアンを求め，動径座標に関する正準方程式を書け．

## 例題 26　相空間中の軌道

粒子の 1 次元運動の相空間中の軌道を考える．正準座標を $q$, $p$ とし，ポテンシャルが $V(q)$ でハミルトニアンが

$$H = \frac{p^2}{2m} + V(q)$$

で与えられている．ポテンシャルは図 8.2 のように $q \to \pm\infty$ で $V \to \infty$ であり $V(q) = E_0$ を満たす 2 点 $q_1, q_2$ の間で最小値をとるとする．

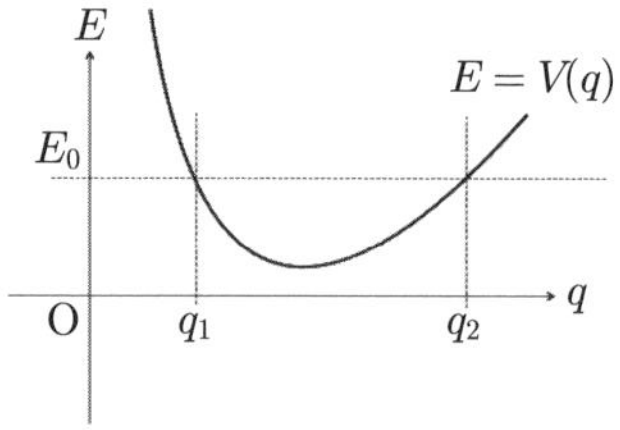


図 8.2

(a)　全エネルギーが $E_0$ で運動する粒子の相空間中の軌道を書け．

(b)　調和振動子 $V = \frac{1}{2}kq^2$ の場合の軌道を書け．

---

### 考え方

1 次元のポテンシャル問題でポテンシャルを $V(q)$ とすると，エネルギー保存則から軌道は $E = \frac{p^2}{2m} + V(q)$ を満たす．例題のように両端が限られている場合は周期運動が実現することになる．一般にある $q$ が与えられると $p$ の値には符号の不定性があるが，正準方程式から運動の向きを決めることができる．

### 解答

(a) $E = E_0$ の解は $q_1 < q < q_2$ の間で振動運動を行う．エネルギー保存の式より

$$p^2 = 2m(E_0 - V(q))$$

から，相空間の座標 $q_1$, $q_2$ では $p = 0$，また $V$ が最小になる点 $q_{min}$ での値は

**ワンポイント解説**

$$p = \pm p_{max}, \quad p_{max} = \sqrt{E_0 - V(q_{min})}$$

である．正準方程式は

$$\dot{p} = -\frac{\partial H}{\partial q} = -\frac{\partial V}{\partial q}\ , \quad \dot{q} = \frac{\partial H}{\partial p} = \frac{p}{m}$$

なので，$q_1$, $q_{min}$, $q_2$ でのそれぞれの値は，

| | $q_1$ | $q_{min}$ | $q_2$ |
|---|---|---|---|
| $\dot{q}$ | 0 | $\pm\frac{p_{max}}{m}$ | 0 |
| $\dot{p}$ | $-\frac{\partial V(q_1)}{\partial q}$ | 0 | $-\frac{\partial V(q_2)}{\partial q}$ |

$\frac{\partial V(q_1)}{\partial q} < 0$, $\frac{\partial V(q_2)}{\partial q} > 0$ より，運動量の変化は

| | $q_1$ | $\rightarrow$ | $q_{min}$ | $\rightarrow$ | $q_2$ | $\rightarrow$ | $q_{min}$ | $\rightarrow$ | $q_1$ |
|---|---|---|---|---|---|---|---|---|---|
| $p$ | 0 | $+$ | $p_{max}$ | $+$ | 0 | $-$ | $-p_{max}$ | $-$ | 0 |

よって，相空間中の軌道は図 8.3 のようになる．

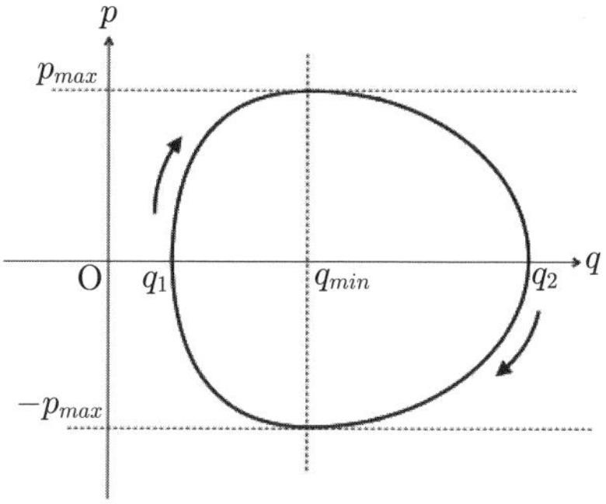


図 8.3

(b) 1 次元調和振動子の場合，ハミルトニアンから相空間での軌道は $E_0 = \frac{p^2}{2m} + \frac{kq^2}{2}$ で定まる図 8.4 のような楕円形になる．振り子の振動運動は，この楕円を時計方向に回る周期運動として記述される．

・ポテンシャルが最小になるところで運動量の大きさは最大になる．

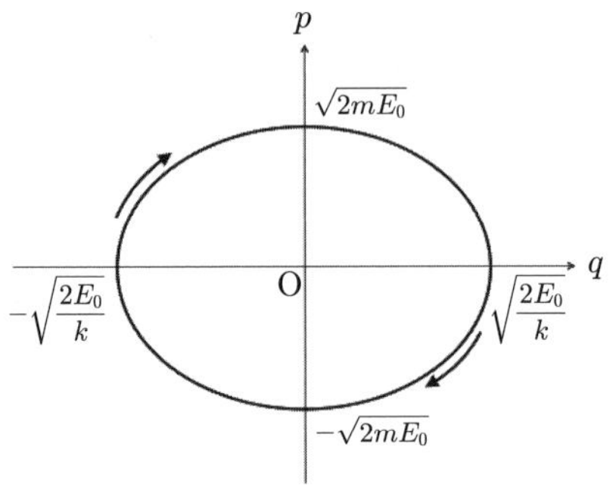


図 8.4

| 重要度 |
| --- |
| ★★★ |

# 9　ポアッソン括弧

ハミルトン形式を用いて相空間中の運動を考えるとき，ポアッソン括弧を使うと運動方程式を物理量の発展方程式として統一的に見ることができる．さらに，保存量と対称変換の関係を簡潔に表すことを可能にする．また，ポアッソン括弧は古典力学から量子力学への架け橋でもある．

## 《 内容のまとめ 》

### ポアッソン括弧

$2n$ 次元の相空間 $(q_i, p_i)$ 上の関数 $f(q,p)$ を物理量と呼ぶ．さらに物理量 $f, g$ のポアッソン括弧を

$$\{f, g\} = \sum_{i=1}^{n} \left( \frac{\partial f}{\partial q_i}\frac{\partial g}{\partial p_i} - \frac{\partial f}{\partial p_i}\frac{\partial g}{\partial q_i} \right) \tag{9.1}$$

と定義する．ただし，和はすべての正準変数の対についてとる[1]．ポアッソン括弧は明らかに $\{f, g\} = -\{g, f\}$（反対称性）であり，正準座標に関しては

$$\{q_i, p_j\} = -\{p_j, q_i\} = \delta_{ij}\ , \quad \{q_i, q_j\} = 0\ , \quad \{p_i, p_j\} = 0 \tag{9.2}$$

となる．ポアッソン括弧が微分演算子の組合せであることから，次のような関数の積に関する公式と合成関数に関する公式が成り立つ．$f, g, h$ を物理量（相空間上の関数），$F(x)$ は 1 変数 $x$ の関数とすると

[1]例えば $N$ 粒子系の場合は $n = 3N$ である．

(a)　$\{f, gh\} = \{f, g\}h + g\{f, h\}$（ライプニッツ則）　(9.3)

(b)　$\{f, F(h(q,p))\} = \{f, h\}\dfrac{\partial F(h)}{\partial h}$（合成関数に関するチェーン則）　(9.4)

が成り立つ（例題 **27**）．さらに，ヤコビ恒等式と呼ばれる関係式

$$\{f, \{g, h\}\} + \{g, \{h, f\}\} + \{h, \{f, g\}\} = 0 \tag{9.5}$$

を満たす（発展問題 **27-1**）．

ポアッソン括弧を使うと物理量 $f(q,p)$ の時間発展は次の発展方程式

$$\frac{df}{dt} = \{f, H\} + \frac{\partial f}{\partial t} \tag{9.6}$$

で与えられる（発展問題 **27-3**）．ただし，$\frac{\partial f}{\partial t}$ は物理量 $f$ が時間に顕わによる場合の時間微分である．特に，$f = q_i$ または $f = p_i$ にとることにより

$$\dot{q}_i = \{q_i, H\} = \frac{\partial H}{\partial p_i}\,, \quad \dot{p}_i = \{p_i, H\} = -\frac{\partial H}{\partial q_i} \tag{9.7}$$

となり，発展方程式は正準方程式を導く．

### ハミルトン形式における保存量

ハミルトン形式では，保存量は次のような特徴を持つ．

(a) ハミルトン形式では保存量 $G$ は相空間の関数であり，時間発展をしないことから

$$\dot{G} = \{G, H\} = 0 \tag{9.8}$$

となり，保存量とハミルトニアンのポアッソン括弧は 0 である．

(b) ハミルトニアンに，ある座標 $q_i$ が現れないとき $q_i$ を循環座標と呼ぶ．循環座標の共役運動量は保存する．

(c) ハミルトニアン中に，ある正準変数の組 $(p_k, q_k)$ が一つの関数 $F(q_k, p_k)$ として現れていれば $F$ は保存する．

(d) ハミルトニアン $H$ が時間に顕わによらなければ，ポアッソン括弧の反対称性から $\{H, H\} = 0$ であり，ハミルトニアンは保存量，すなわちエネルギーを与える．

(e) ポアッソンの定理：$f$ と $g$ が保存量ならば，$\{f, g\}$ も保存量である．

ポアッソンの定理は，常に新しい保存量を生み出すわけではなく，既知の保存量で書けてしまう場合がある．例えば，角運動量のポアッソン括弧は

$$\{L_x, L_y\} = L_z \ , \ \ \{L_y, L_z\} = L_x \ , \ \ \{L_z, L_x\} = L_y \tag{9.9}$$

となる．このように，一般に系の保存量の互いのポアッソン括弧は保存量で閉じた関係を与える．

### 発展方程式の解

顕わに時間によらない物理量 $f(q(t), p(t))$ の時間発展は式 (9.6) より

$$\dot{f} = \{f, H\} = \sum_{i=1}^{n} \left( \frac{\partial H}{\partial q_i} \frac{\partial}{\partial p_i} - \frac{\partial H}{\partial p_i} \frac{\partial}{\partial q_i} \right) f \tag{9.10}$$

と書ける．よって

$$X_H = \sum_{i=1}^{n} \left( \frac{\partial H}{\partial q_i} \frac{\partial}{\partial p_i} - \frac{\partial H}{\partial p_i} \frac{\partial}{\partial q_i} \right) \tag{9.11}$$

が，時間発展を与える微分演算子と考えることができる．この演算子をハミルトニアンベクトル場と呼ぶ．ハミルトニアンベクトル場を使うと発展方程式 (9.10) は

$$\dot{f} = X_H f \tag{9.12}$$

と書ける．この微分方程式の一般解は次のように与えられる：

$$f(t) = \sum_{m=0}^{\infty} \left( X_H^m f \Big|_{t=0} \right) \frac{t^m}{m!} = \left( e^{sX_H} f \Big|_{t=0} \right) \Big|_{s=t} . \tag{9.13}$$

## 例題 27　ポアッソン括弧の性質

本文中で与えられたポアッソン括弧の基本的性質

(a) $\{f, gh\} = \{f, g\}h + g\{f, h\}$ (ライプニッツ則),

(b) $\{f, F(h(q,p))\} = \{f, h\}\frac{\partial F(h)}{\partial h}$ (合成関数に関するチェーン則)

を証明せよ.

---

### 考え方

ポアッソン括弧が満たす基本的関係式である．ポアッソン括弧が微分演算の一種であると理解すれば，様々な計算を定義式に戻ることなく実行できる．例題では，ポアッソン括弧の右側の関数についての展開公式を考えるが，ポアッソン括弧が反対称であることから左側の関数に関しても同様に微分演算として働くことがわかる．

また，発展問題で議論するヤコビ恒等式は，ポアッソン括弧の反対称性から

$$\{f, \{g, h\}\} = \{\{f, g\}, h\}\} + \{g, \{f, h\}\}$$

と書け，ライプニッツ則に似た形に書くこともできる．

### ‖解答‖

(a) 定義に代入して，それぞれの微分にライプニッツ則（積の微分則）を使うと

$$\begin{aligned}
\{f, gh\} &= \sum_{i=1}^{n}\left(\frac{\partial f}{\partial q_i}\frac{\partial gh}{\partial p_i} - \frac{\partial f}{\partial p_i}\frac{\partial gh}{\partial q_i}\right) \\
&= \sum_{i=1}^{n}\left(\frac{\partial f}{\partial q_i}\frac{\partial g}{\partial p_i}h - \frac{\partial f}{\partial p_i}\frac{\partial g}{\partial q_i}h\right) \\
&\quad + \sum_{i=1}^{n}\left(g\frac{\partial f}{\partial q_i}\frac{\partial h}{\partial p_i} - g\frac{\partial f}{\partial p_i}\frac{\partial h}{\partial q_i}\right) \\
&= g\{f, h\} + \{f, g\}h
\end{aligned}$$

が示せる．

(b) 定義に代入して，それぞれの微分に合成関数の微分

**ワンポイント解説**

・関数の積に関する微分の関係式 $(fg)' = f'g + fg'$ と同じなのでポアッソン括弧に関するライプニッツ則と呼ぶ．

を使うと

$$
\begin{aligned}
\{f, F(h)\} &= \sum_{i=1}^{n} \left( \frac{\partial f}{\partial q_i} \frac{\partial F(h)}{\partial p_i} - \frac{\partial f}{\partial p_i} \frac{\partial F(h)}{\partial q_i} \right) \\
&= \sum_{i=1}^{n} \left( \frac{\partial f}{\partial q_i} \frac{\partial h}{\partial p_i} \frac{\partial F}{\partial h} - \frac{\partial f}{\partial p_i} \frac{\partial h}{\partial q_i} \frac{\partial F}{\partial h} \right) \\
&= \sum_{i=1}^{n} \left( \frac{\partial f}{\partial q_i} \frac{\partial h}{\partial p_i} - \frac{\partial f}{\partial p_i} \frac{\partial h}{\partial q_i} \right) \frac{\partial F}{\partial h} \\
&= \{f, h\} \frac{\partial F}{\partial h}
\end{aligned}
$$

が示せる．

## 例題 27 の発展問題

**27-1.** ポアッソン括弧がヤコビ恒等式 (9.5) を満たすことを証明せよ．

**27-2.** 時間に依存するような物理量 $f(q, p, t)$ の時間発展が式 (9.6) で与えられることを，正準方程式を使って証明せよ．

**27-3.** 正準変数が $(q_i, p_i)$ $(i = 0, 1, \ldots, n)$ の系で，ハミルトニアン中に正準変数の組 $(p_0, q_0)$ が一つの関数 $g(q_0, p_0)$ として現れていれば，その関数 $g$ は保存することを示せ．

**27-4.** ポアッソンの定理を証明せよ．

### 例題 28　角運動量とポアッソン括弧

(a) 角運動量ベクトル $\boldsymbol{L}$ の各成分間のポアッソン括弧が式 (9.9) となることをデカルト座標で示せ.

(b) 角運動量の成分間のポアッソン括弧を使って，角運動量の大きさの 2 乗 $\boldsymbol{L}^2$ と角運動量の各成分のポアッソン括弧を求めよ.

---

## 考え方

証明は，ポアッソン括弧の定義に戻って直接行うのではなく，できるだけ例題 **27** で示したポアッソン括弧の性質を用いて行う.

## ‖解答‖

(a) 角運動量ベクトルは

$$\begin{cases} L_x = (yp_z - zp_y)\ , \\ L_y = (zp_x - xp_z)\ , \\ L_z = (xp_y - yp_x) \end{cases}$$

で与えられる．分配則を使うと

$$\begin{aligned} \{L_x, L_y\} &= \{yp_z - zp_y, zp_x - xp_z\} \\ &= \{yp_z, zp_x\} - \{zp_y, zp_x\} \\ &\quad - \{yp_z, xp_z\} + \{zp_y, xp_z\} \\ &= \{yp_z, zp_x\} + \{zp_y, xp_z\}. \end{aligned}$$

それぞれのポアッソン括弧はライプニッツ則を使うと

$$\{yp_z, zp_x\} = \{yp_z, z\}p_x + \{yp_z, p_x\}z.$$

2 項目はゼロになるので，1 項目に分配則を使うと

$$\{yp_z, zp_x\} = (y\{p_z, z\} + p_z\{y, z\})p_x = -yp_x.$$

同様に

**ワンポイント解説**

・完全反対称テンソル $\epsilon_{ijk}$ を使って

$$L_i = \sum_{j,k=1}^{3} \epsilon_{ijk} x_j p_k$$

と書くことによって，テンソル表示で証明をすることもできる.

・括弧のそれぞれの変数に共役な量が含まれない場合，必ず 0 になる.

$$\{zp_y, xp_z\} = \{z, xp_z\}p_y = x\{z, p_z\}p_y = xp_y.$$

よって

$$\{L_x, L_y\} = xp_y - yp_x = L_z$$

である．他の関係式は $x, y, z$ を巡回させて得られる．

(b) $\boldsymbol{L}^2$ と $L_x$ とのポアッソン括弧は

$$\begin{aligned}\{\boldsymbol{L}^2, L_x\} &= \{L_y^2 + L_z^2, L_x\} \\ &= 2L_y\{L_y, L_x\} + 2L_z\{L_z, L_x\} \\ &= 2L_y(-L_z) + 2L_zL_y = 0\end{aligned}$$

のように 0 になる．同様に $L_y, L_z$ とのポアッソン括弧も 0 になるので

$$\{\boldsymbol{L}^2, L_i\} = 0\ ,\quad i = x, y, z$$

が求まる．

・$x, y, z$ の巡回とは，関係式の $x$ を $y$ に，$y$ を $z$ に，$z$ を $x$ に置換して得られる式である．巡回を繰り返すことで，3 個の関係式を得ることができる．

## 例題 28 の発展問題

**28-1.** 角運動量ベクトルの極座標表示（例題 **25** 参照）を用いて，角運動量間のポアッソン括弧が式 (9.9) を満たすことを示せ．

**28-2.** 中心力のハミルトニアンを角運動量を使って表し，角運動量が保存することを示せ．

## 例題 29　静磁場中の荷電粒子の運動

静磁場中の荷電粒子の運動を正準形式で考える．質量 $m$，電荷 $e$ の粒子のラグランジアンは，時間によらないベクトルポテンシャルを $\boldsymbol{A}$，座標を $\boldsymbol{x}$ として（例題 **8** 参照），

$$L = \frac{1}{2}m\dot{\boldsymbol{x}}^2 + e\boldsymbol{A}\cdot\dot{\boldsymbol{x}}$$

で与えられる．ベクトル $\boldsymbol{A}$, $\boldsymbol{x}$ の $i$ 成分 $(i = 1, 2, 3)$ をそれぞれ $A_i$, $x_i$ とする．また，座標の $x_i$ の共役運動量を $p_i$ とする．次の問いに答えよ．

(a) $\Pi_i = m\dot{x}_i$ を成分とするベクトル $\boldsymbol{\Pi}$ を，共役運動量 $p_i$ とベクトルポテンシャルを使って表し，$\{\Pi_i, x_j\}$ と $\{\Pi_i, \Pi_j\}$ を求めよ．

(b) ハミルトニアンを求めよ．

(c) ベクトル $\boldsymbol{\Pi}$ の時間発展方程式を求め，荷電粒子にはローレンツ力が働いていることを示せ．

(d) $\boldsymbol{\Pi}^2$ は保存することを示せ．これは何を意味するか？

### 考え方

サイクロトロン運動の問題を正準形式を使って解く問題である．この問題では，問い (a) で求める $m\dot{\boldsymbol{x}}$ を正準座標で表したベクトル $\boldsymbol{\Pi}$ が重要な役割をする．例題は，一般の静磁場中の荷電粒子の場合にハミルトニアンと正準方程式を求め，その意味を考える問題である．発展問題では例題の結果を踏まえて，一様静磁場の場合のサイクロトロン運動に関してさらに考える．

### 解答

ワンポイント解説

(a) 共役運動量は定義より，

$$p_i = \frac{\partial L}{\partial \dot{x}_i} = m\dot{x}_i + eA_i(x)\ .$$

よって，

$$\boldsymbol{\Pi} = m\dot{\boldsymbol{x}} = \boldsymbol{p} - e\boldsymbol{A}\ .$$

$\Pi_i$ と正準座標 $x_i$，$p_i$ とのポアッソン括弧はそれぞ

れ

$$\{\Pi_i, x_j\} = \{p_i - eA_i, x_j\} = \{p_i, x_j\} = -\delta_{ij} \ ,$$

$$\begin{aligned}\{\Pi_i, p_j\} &= \{(p_i - eA_i), p_j\} \\ &= -e\{A_i, p_j\} = -e\sum_{k=1}^{3} \frac{\partial A_i}{\partial x_k}\{x_k, p_j\} \\ &= -e\sum_{k=1}^{3} \frac{\partial A_i}{\partial x_k}\delta_{kj} = -e\frac{\partial A_i}{\partial x_j}.\end{aligned}$$

・$A_i$ は座標の関数なので寄与しない.

・例題 **27** (b) の合成関数に関するチェーン則を使った.

ベクトルポテンシャルのポアッソン括弧は

$$\begin{aligned}\{\Pi_i, eA_j\} &= \sum_{k=1}^{3}\{\Pi_i, x_k\}\frac{\partial A_j}{\partial x_k} = -\sum_{k=1}^{3}\delta_{ik}\frac{\partial A_j}{\partial x_k} \\ &= -e\frac{\partial A_j}{\partial x_i}.\end{aligned}$$

・最初に計算した $\{\Pi_i, x_j\}$ の結果を使った.

よって,

$$\begin{aligned}\{\Pi_i, \Pi_j\} &= \{\Pi_i, p_j - eA_j\} = \{\Pi_i, p_j\} - e\{\Pi_i, A_j\} \\ &= -e\frac{\partial A_i}{\partial x_j} + e\frac{\partial A_j}{\partial x_i} \\ &= e\sum_{k=1}^{3}\epsilon_{ijk}B_k \ .\end{aligned}$$

(b) ハミルトニアンは定義に従って,

$$\begin{aligned}H &= \boldsymbol{p}\cdot\dot{\boldsymbol{x}} - L = \boldsymbol{p}\cdot\dot{\boldsymbol{x}} - \frac{1}{2}m\dot{\boldsymbol{x}}^2 - e\boldsymbol{A}\cdot\dot{\boldsymbol{x}} \\ &= \left(\boldsymbol{p} - \frac{1}{2}m\dot{\boldsymbol{x}} - e\boldsymbol{A}\right)\cdot\dot{\boldsymbol{x}} = \frac{1}{2m}|\boldsymbol{p} - e\boldsymbol{A}|^2 \ .\end{aligned}$$

よって,

$$H = \frac{1}{2m}|\boldsymbol{p} - e\boldsymbol{A}|^2 \ .$$

・ハミルトニアンは

$$H = \frac{1}{2m}\sum_{i=1}^{3}\Pi_i\Pi_i = \frac{1}{2m}\boldsymbol{\Pi}^2$$

になっている.

(c) $\Pi_i$ の時間発展は, ハミルトニアンとのポアッソン括弧

$$\dot{\Pi}_i = \{\Pi_i, H\} = \frac{1}{2m}\sum_{j=1}^{3}\{\Pi_i, \Pi_j\Pi_j\}$$
$$= \frac{1}{m}\sum_{j=1}^{3}\{\Pi_i, \Pi_j\}\Pi_j$$
$$= \frac{1}{m}\sum_{j,k=1}^{3} e\epsilon_{ijk}\Pi_j B_k$$

で与えられる．よって

$$\dot{\boldsymbol{\Pi}} = \frac{e}{m}\boldsymbol{\Pi} \times \boldsymbol{B}.$$

$\boldsymbol{\Pi} = m\dot{\boldsymbol{x}}$ を代入すると

$$m\ddot{\boldsymbol{x}} = e\dot{\boldsymbol{x}} \times \boldsymbol{B}$$

となる．これはローレンツ力である．

(d) $\boldsymbol{\Pi}^2$ はハミルトニアンに比例するので $\{\boldsymbol{\Pi}^2, H\} = 0$ が成り立ち，よって保存する．これは静磁場中では粒子の速さ $\sqrt{\dot{\boldsymbol{x}}^2}$ が一定であることを意味する．

## 例題 29 の発展問題

$x_3$ 軸正方向で大きさ $B$ の一様静磁場のベクトルポテンシャルを

$$A_i = -\frac{B}{2}\sum_{j=1}^{2}\epsilon_{ij}x_j \ (i = 1, 2)\ , \quad A_3 = 0$$

で与える（例題 **8-2**）．ただし，$\epsilon_{ij}$ は $\epsilon_{ij} := \epsilon_{ij3}$ で定義された 2 次元の反対称テンソルとし，粒子は $x_3$ 軸方向には運動していないとして以下の問いに答えよ．

**29-1.** $x_1$-$x_2$ 平面上の運動に関する正準方程式を書け．

**29-2.** 運動方程式の一般解を求め，粒子が円運動することを示せ．

**29-3.** 円運動の中心の座標 $X_i$ を $x_i$ と正準座標で表された $\Pi_i$ を使って表せ．

**29-4.** ［ドリフト運動］さらに $x_2$ 軸方向に一様静電場 $E$ がかかっているときの中心 $X_i$ の時間発展の方程式を書き，$X_i$ の時間変化を求めよ．

## 例題 30　正準方程式の解

(a) 発展方程式 (9.12) が与えられたとき，その一般解 (9.13) を導け．

(b) 自由落下する質量 $m$ の粒子に関して以下の問いに答えよ．

　(1) 正準方程式を与えよ．

　(2) ハミルトニアンベクトル場を求めよ．

　(3) 一般解を求めよ．

---

### 考え方

運動を記述する第 2 の方法としてのハミルトン形式は，ラグランジュ形式と異なり 1 階の連立微分方程式を解くことになる．すでに見たように，連立させて 2 階の微分方程式に書き直すとラグランジュ方程式に戻るので，新しい解法を得たことにはならない．

運動方程式の解を得る第 2 の方法は，正準方程式を時間発展の方程式と見ることによって得られる．このようにして得られる解は，ハミルトニアンベクトル場が速度場になるような相空間中の流れに流される粒子の運動を与えることになる．一般の場合の解 (9.13) を証明した後，例題では自由落下問題の解を具体的に求める．発展問題では調和振動子の問題を解いてみる．調和振動子の場合，正準方程式を定数係数の連立線形 1 階微分方程式として解くこともできる．

### ‖解答‖

(a) 物理量 $f$ を時間の級数として展開すると

$$f(t)=\sum_{k=0}^{\infty}\frac{d^k f}{dt^k}\bigg|_{t=0}\frac{t^k}{k!}.$$

ここで，係数は $t=0$ での微分係数なので

$$\frac{df}{dt}\bigg|_{t=0}=X_H f\bigg|_{t=0}.$$

同様に，$\frac{d^{k-1}f}{dt^{k-1}}$ も $p, q$ で書けているので発展方程式に従い

**ワンポイント解説**

・$f(t)$ のテーラー展開に他ならない．

・両辺にある $|_{t=0}$ は微分をとってから $t=0$ にすることを意味する．

$$\frac{d^k f}{dt^k} = \frac{d}{dt}\left(\frac{d^{k-1} f}{dt^{k-1}}\right) = X_H\left(\frac{d^{k-1} f}{dt^{k-1}}\right)$$

が成り立つ．よって，

$$\frac{d^k f}{dt^k} = \underbrace{X_H X_H \cdots X_H}_{k\text{ 回}} f = X_H^k f.$$

これを，$f(t)$ の展開式に代入すると式 (9.13) を得る．

(b)-(1) 鉛直方向の座標と運動量を $z, p$ とすると，ラグランジアンよりハミルトニアンは

$$H = \frac{1}{2m}p^2 + mgz.$$

よって，正準方程式は

$$\dot{z} = \frac{1}{m}p\ ,\quad \dot{p} = -mg\ .$$

(b)-(2) 発展方程式を書くと

$$\begin{aligned}\dot{f} = \{f, H\} &= \frac{\partial f}{\partial z}\frac{\partial H}{\partial p} - \frac{\partial f}{\partial p}\frac{\partial H}{\partial z} \\ &= \left(\frac{p}{m}\frac{\partial}{\partial z} - mg\frac{\partial}{\partial p}\right) f.\end{aligned}$$

よって，ハミルトニアンベクトル場は

$$X_H = \frac{p}{m}\frac{\partial}{\partial z} - mg\frac{\partial}{\partial p}.$$

(b)-(3) 運動を求めるため $f = z$ とすると

$$z(t) = \sum_{k=0}^{\infty}\left(X_H^k z\Big|_{t=0}\right)\frac{t^k}{k!}.$$

それぞれの項は

$$\begin{aligned}X_H z &= \left(\frac{p}{m}\frac{\partial}{\partial z} - mg\frac{\partial}{\partial p}\right) z = \frac{p}{m}\ , \\ X_H^2 z &= \left(\frac{p}{m}\frac{\partial}{\partial z} - mg\frac{\partial}{\partial p}\right)\frac{p}{m} = g\end{aligned}$$

・ハミルトニアンベクトル場 $X_H$ は，係数も正準座標の関数なので，例えば $X_H X_H f$ の1番左の $X_H$ の微分は2番目の $X_H$ の係数も微分することになる．

となり，3 次以上は 0 になる．よって

$$z(t) = z(0) + \frac{p(0)}{m}t + \frac{1}{2}gt^2$$

が一般解である．

## 例題 30 の発展問題

**30-1.** 1 次元調和振動子の正準方程式から座標 $x$ の時間発展として一般解を求めよ．

**30-2.** 1 次元調和振動子の正準方程式の解を以下の手順に従って定数係数 1 階連立微分方程式として導け．

(a) 正準方程式を正準変数のベクトル $\boldsymbol{\xi} = \begin{pmatrix} x \\ p \end{pmatrix}$ に関する線形微分方程式として書け．

(b) 級数展開を使って解を求めよ．

重要度 ★★★★

# 10 正準変換

ハミルトン形式では運動を相空間中の軌道として記述する．正準変数の変数変換は相空間の座標変換を与える．一般の変換では単に新しい変数で正準方程式を書き換えるだけであるが，変換後の変数においても運動方程式が正準方程式の形に書ける変換がある．

## 《内容のまとめ》

### 正準変換と正準方程式

$2n$ 次元相空間の $n$ 組の正準座標をまとめて $(q,p)$ と書く．ある座標変換 $(q,p) \to (Q,P)$ が

$$q_i = q_i(Q,P,t)\ ,\quad p_i = p_i(Q,P,t) \tag{10.1}$$

で与えられたとき，変換後にもハミルトニアン $H'(Q,P,t)$ が存在し，運動方程式が

$$\dot{Q}_i = \frac{\partial H'}{\partial P_i}\ ,\ \dot{P}_i = -\frac{\partial H'}{\partial Q_i} \tag{10.2}$$

と正準方程式の形に書けるとき，その変換を**正準変換**と呼ぶ．正準変換は母関数 $W$ を与えると定まる．**母関数**は一般に元の相空間と変換後の相空間の座標を 1 個ずつ含み，組合せによって 4 通りのタイプがある．

$$\text{タイプ 1) 母関数が } W(q,Q): \quad p_i = \frac{\partial W}{\partial q_i}\,, \qquad P_i = -\frac{\partial W}{\partial Q_i}\,, \tag{10.3}$$

$$\text{タイプ 2) 母関数が } W(q,P): \quad p_i = \frac{\partial W}{\partial q_i}\,, \qquad Q_i = \frac{\partial W}{\partial P_i}\,, \tag{10.4}$$

$$\text{タイプ 3) 母関数が } W(p,Q): \quad q_i = -\frac{\partial W}{\partial p_i}\,, \quad P_i = -\frac{\partial W}{\partial Q_i}\,, \tag{10.5}$$

$$\text{タイプ 4) 母関数が } W(p,P): \quad q_i = -\frac{\partial W}{\partial p_i}\,, \quad Q_i = \frac{\partial W}{\partial P_i}\,. \tag{10.6}$$

ハミルトニアンはいずれの場合も

$$H' = H + \frac{\partial W}{\partial t} \tag{10.7}$$

である．ただし右辺の変数 $q$, $p$ は変換式を解いて，すべて $Q, P$ の関数として表さなければならない．

正準変換 (10.1) において，次の関係が成り立つ．

$$\frac{\partial p_i}{\partial Q_j} = -\frac{\partial P_j}{\partial q_i}\,, \quad \frac{\partial p_i}{\partial P_j} = \frac{\partial Q_j}{\partial q_i}\,, \quad \frac{\partial q_i}{\partial Q_j} = \frac{\partial P_j}{\partial p_i}\,, \quad \frac{\partial q_i}{\partial P_j} = -\frac{\partial Q_j}{\partial p_i}\,. \tag{10.8}$$

これは，熱力学におけるマックスウェルの関係式に相当する．

#### 正準変換と変分原理

最小作用の原理に基づけば，正準変換 $(q,p) \to (Q,P)$ は 2 つの作用

$$S[q,p] = \int \sum_{i=1}^{n} p_i dq_i - H(q,p)dt\,,$$

$$S[Q,P]' = \int \sum_{i=1}^{n} P_i dQ_i - H'(Q,P)dt \tag{10.9}$$

の変分が同じ極値問題を与えるような相空間の変数変換である．つまり，変換 (10.1) によって

$$S[q,p] = S'[Q,P] + \text{定数} \tag{10.10}$$

が成り立てばよい．微分に関する条件として表せば，全微分の不定性があるので

$$\sum_{i=1}^{n} p_i dq_i - H(q,p)dt = \sum_{i=1}^{n} P_i dQ_i - H'(Q,P)dt + dW(q,Q,t) \qquad (10.11)$$

が成り立てばよく，右辺の全微分の項に現れる $W$ が母関数である．母関数の全微分を変数の微分 $dq_i, dQ_i$ について

$$dW(q,Q,t) = \sum_{i=1}^{n} \left( \frac{\partial W}{\partial q_i} dq_i + \frac{\partial W}{\partial Q_i} dQ_i \right) + \frac{\partial W}{\partial t} dt \qquad (10.12)$$

と展開し式 (10.11) に代入すると

$$\sum_{i=1}^{n} \left( p_i - \frac{\partial W}{\partial q_i} \right) dq^i = \sum_{i=1}^{n} \left( P_i + \frac{\partial W}{\partial Q_i} \right) dQ_i - \left( H' - H - \frac{\partial W}{\partial t} \right) dt \qquad (10.13)$$

が得られる．この式が成り立つという要請は，変数の微分 $dq_i, dQ_i, dt$ の係数が 0 になることを意味し，タイプ 1 の変換式 (10.3) とハミルトニアンの変換式 (10.7) を得る．さらに，式 (10.11) のそれぞれの辺の独立変数の取り方により 4 種類のタイプの母関数の取り方が生じる（例題 **31** 参照）．

ポアッソン括弧の不変性

一般に正準変換はポアッソン括弧を不変にする．つまり，正準変換 $(q,p) \to (Q,P)$ とし，正準座標 $(q,p)$ によるポアッソン括弧 (9.1) を $\{f,g\}_{qp}$ と書き，変換後の座標 $(Q,P)$ によるポアッソン括弧を

$$\{f,g\}_{QP} = \sum_{i=1}^{n} \left( \frac{\partial f}{\partial Q_i} \frac{\partial g}{\partial P_i} - \frac{\partial f}{\partial P_i} \frac{\partial g}{\partial Q_i} \right) \qquad (10.14)$$

と定義する．このとき，

$$\{q_i, p_j\}_{QP} = \delta_{ij} \ , \quad \{q_i, q_j\}_{QP} = 0 \ , \quad \{p_i, p_j\}_{QP} = 0 \qquad (10.15)$$

を満たす．つまり，$(q_i, p_j)$ のポアッソン括弧を $(q_i, p_j)$ を $(Q,P)$ 座標で表してから計算しても，元のポアッソン括弧の結果 (9.2) と等しい．これは，ポアッソン括弧をとってから正準変換するのと，正準変換を行ってからポアッソン

括弧を計算することが等しいことを意味する．そこで，ポアッソン括弧の添え字を落として書くことができる．ポアッソン括弧の不変性は一般に正準変換による関数 $f$ の変換を $\widetilde{f}(Q,P) := f(q(Q,P),p(Q,P))$ として，

$$\widetilde{\{f,g\}_{qp}} = \{\widetilde{f},\widetilde{g}\}_{QP} \tag{10.16}$$

と書ける．

### 積分不変量

$(q,p)$ を座標とする相空間のある領域 $D$ の体積

$$I_n = \int_D dq_1 \cdots dq_n dp_1 \cdots dp_n \tag{10.17}$$

は正準変換において不変である（発展問題 **35-2**）．

### 例題 31　母関数とルジャンドル変換

(a) 正準変換における関係式 (10.8) を証明せよ．

(b) ある正準変換の独立変数の異なるタイプの母関数 $W_1(q, Q)$ と $W_2(q, P)$ が，互いにルジャンドル変換であることを使って，$W_1(q, Q)$ による正準変換の式 (10.3) から $W_2(q, P)$ の式 (10.4) を導け．

## 考え方

正準変換には変数の取り方に任意性があり，同じ正準変換を異なる変数の母関数で表すことができる場合がある．その場合，2 つの母関数は互いのルジャンドル変換になっている．このような，$(q, p, Q, P)$ のうち 2 つの独立変数の取り方に応じてできる 4 種類のタイプの母関数は熱力学のエントロピー，温度，体積，圧力のうち 2 つの独立変数の取り方に応じて定義される 4 種類の自由エネルギーに対応している．異なるタイプの母関数を関係づけるルジャンドル変換は，熱力学において独立変数の取り換えに対応しており，したがって熱力学におけるマックスウェルの関係式と同様の関係式が存在する．

## ‖解答‖

(a) この関係式は，母関数による表示から導くことができる．タイプ 1 の変換公式より

$$\frac{\partial p_i}{\partial Q_j} = \frac{\partial^2 W(q, Q)}{\partial q_i \partial Q_j} = -\frac{\partial P_j}{\partial q_i}.$$

残りの関係式も，異なる独立変数による母関数を使うことで同様に証明することができる

(b) タイプ 1 とタイプ 2 の独立変数の変換のルジャンドル変換は

$$W_1(q, Q) = W_2(q, P) - \sum_{i=1}^{n} P_i Q_i$$

である．左辺の微分は

**ワンポイント解説**

・式 (10.11) の $W(q, Q)$ に，この式を代入して $d(PQ)$ を展開すると $dQ$ の項がキャンセルして，$dq, dP$ に関する微分関係式を得ることができる．

$$dW_1 = \sum_{i=1}^{n} \left( \frac{\partial W_1}{\partial q_i} dq_i + \frac{\partial W_1}{\partial Q_i} dQ_i \right)$$
$$= \sum_{i=1}^{n} (p_i dq_i - P_i dQ_i) .$$

一方，右辺の微分は

$$d\left(W_2 - \sum_{i=1}^{n} P_i Q_i\right)$$
$$= \sum_{i=1}^{n} \left( \frac{\partial W_2}{\partial q_i} dq_i + \left( \frac{\partial W_2}{\partial P_i} - Q_i \right) dP_i - P_i dQ_i \right)$$

である．これらが等しいことからタイプ 2 の関係式

$$\frac{\partial W_2}{\partial P_i} = Q_i \quad かつ \quad \frac{\partial W_2}{\partial q_i} = p_i$$

が成立する．また，ルジャンドル変換の式より

$$d(W_2 - W_1) = d\left(\sum_{i=1}^{n} P_i Q_i\right)$$

なので

$$\frac{\partial W_1}{\partial t} = \frac{\partial W_2}{\partial t}.$$

つまり，ハミルトニアンの変換は

$$H' = H + \frac{\partial W_1}{\partial t} = H + \frac{\partial W_2}{\partial t} .$$

よって，タイプ 2 の正準変換の関係式が導かれた．

## 例題 31 の発展問題

**31-1.** タイプ 1 の母関数 $W_1(q, Q)$ をタイプ 4 の母関数 $W_4(p, P)$ に変換するルジャンドル変換を与え，式 (10.3) から式 (10.6) を導け．

## 例題 32　基本的な正準変換

次の正準変換 $(q,p) \to (Q,P)$ を与える母関数を求めよ．ただし，$q_i$ $(i=1,2,3)$ は座標 $(x,y,z)$ を表し，$p_i$ は運動量 $(p_x,p_y,p_z)$ を表し，$Q_i, P_i$ は変換後の座標と共役運動量を表す．

(a) 恒等変換：$Q_i = q_i$, $P_i = p_i$

(b) 座標と運動量を入れ替える変換

(c) 定数ベクトル $a_i$ による平行移動：$Q_i = q_i + a_i$

## 考え方

基本的な正準変換の母関数を求める問題である．それぞれの変換で独立変数の取り方を決める必要があるが，その取り方はユニークではない．発展問題では，時間によるような正準変換の例として，ガリレイ変換を取り上げた．時間による変換なのでハミルトニアンも一般に変換されるが，ガリレイ変換は自由粒子の対称性になっている．

## ‖解答‖

(a) 母関数は独立変数がタイプ 2 の

$$W(q,P) = \sum_{i=1}^{n} P_i q_i$$

である．実際，公式より

$$p_i = \frac{\partial W(q,P)}{\partial q_i} = P_i\ ,\quad Q_i = \frac{\partial W(q,P)}{\partial P_i} = q_i.$$

よって，恒等変換を与えている．

**ワンポイント解説**

・タイプ 3 の母関数でも可能である．

(b) 母関数はタイプ 1 の $W(q,Q) = \sum_{i=1}^{n} q_i Q_i$ である．公式より

$$\begin{cases} p_i = \frac{\partial W(q,Q)}{\partial q_i} = Q_i\ , \\ P_i = -\frac{\partial W(q,Q)}{\partial Q_i} = -q_i\ . \end{cases}$$

よって，新しい変数は $Q_i = p_i$, $P_i = -q_i$ で与えられ，運動量と座標の役割を入れ替える変換になって

いる.

(c) 母関数はタイプ 2 の $W(q,P)=\sum_{i=1}^{n}P_i(q_i+a_i)$ である. 公式より

$$\begin{cases} p_i=\frac{\partial W(q,P)}{\partial q_i}=P_i\ , \\ Q_i=\frac{\partial W(q,P)}{\partial P_i}=q_i+a_i\ . \end{cases}$$

・並進では運動量は変化しない.

## 例題 32 の発展問題

**32-1.** ［ガリレイ変換］ 等速度 $V_i$ で運動している系へのガリレイ変換の母関数は $W(q,P)=\sum_{i=1}^{3}\left(P_i(q_i+V_it)-mq_iV_i\right)$ で与えられることを示せ.

**32-2.** ガリレイ変換で自由粒子の運動方程式は不変であることを示せ.

## 例題 33　点変換

(a) 点変換 $q_i = f_i(Q)$ を与える母関数を求めよ．

(b) 点変換によって共役運動量はどのように変換されるか？

### 考え方

正準変換は相空間 $(q, p)$ の座標変換であるが，もちろん通常の座標変換，つまり点変換も含んでいる．正準変換では座標変換に応じて運動量も変換を受ける．ここでは，タイプ 3 の独立変数の母関数 $W(p, Q)$ によって変換を構成する．変換前の座標 $q_i$ を新しい座標 $Q_i$ で書く関係式が与えられている場合，タイプ 3 の母関数は正準変換の関係式から容易に決まるからである．

発展問題では極座標を詳しく議論する．極座標への変換は点変換の例であるが，無限小正準変換の議論でも重要になる．デカルト座標 $(x, y, z)$ を $q_i$ ととり，極座標 $(r, \theta, \phi)$ を変換後の座標 $Q_i$ と考えて，タイプ 3 の母関数を使う．

### ‖解答‖

(a) 母関数は正準変換の公式のタイプ 3 の母関数を使って

$$W(p, Q) = -\sum_{j=1}^{n} p_j f_j(Q)$$

と書ける．

証明：正準座標間の関係式より

$$q_i = -\frac{\partial W}{\partial p_i}$$
$$= \sum_{j=1}^{n} \frac{\partial p_j}{\partial p_i} f_j(Q) = \sum_{j=1}^{n} \delta_{ij} f_j(Q) = f_i(Q)$$

を得るので，確かに問題の座標変換を与えている．

(b) 新しい座標での運動量は，正準変換のもう一つの関係

**ワンポイント解説**

・タイプ 3 のこの公式が座標変換を表すように母関数が決められている．

$$P_i = -\frac{\partial W(p,Q)}{\partial Q_i} = \sum_{j=1}^{n} p_j \frac{\partial f_j(Q)}{\partial Q_i}$$

を与える．ここで，座標変換 $f_j$ の $Q_i$ による微分を

$$J_{ij}(Q) = \frac{\partial f_j(Q)}{\partial Q_i}$$

と書くと，この関係式は

$$P_i = \sum_{j=1}^{n} J_{ij}(Q) p_j$$

と書ける．よって，行列 $J_{ij}$ の逆行列を $J_{ij}^{-1}$ として共役運動量は，新しい座標 $Q_i$ と運動量 $P_i$ を使って

$$p_i = \sum_{j=1}^{n} J_{ij}^{-1}(Q) P_j$$

で与えられる．

## 例題 33 の発展問題

**33-1.** デカルト座標の正準座標 $(x, y, z, p_x, p_y, p_z)$ から極座標への座標変換を与える正準変換について以下の問いに答えよ．ただし，極座標での正準座標を $(r, \theta, \phi, P_r, P_\theta, P_\phi)$ とする．

(a) 極座標への正準変換の母関数 $W(p, Q)$ を与え，座標変換が正しく導かれることを示せ．

(b) 母関数から極座標における運動量 $(P_r, P_\theta, P_\phi)$ を求めよ．

(c) デカルト座標の共役運動量を極座標の正準座標を使って表せ．

(d) 正準変換を使って極座標における自由粒子のハミルトニアンを求めよ．

**33-2.** 回転座標系への正準変換の母関数を求め，回転座標系における自由粒子のハミルトニアンと正準方程式を求めよ．また，式 (5.7) を導け．

## 例題 34　循環座標への変換

1次元調和振動子のハミルトニアン

$$H = \frac{1}{2m}p^2 + \frac{m\omega^2}{2}q^2$$

の新しい正準座標 $(Q, P)$ への正準変換がタイプ1の母関数

$$W(q, Q) = \frac{m\omega q^2}{2\tan Q}$$

で与えられているとき，正準座標の変換式と変換後のハミルトニアンを求めよ．

---

### 考え方

調和振動子の運動が描く相空間中の軌道は楕円になり，例題の変換はちょうどその楕円を極座標で表すような変数への正準変換になっている．この変換は座標 $Q$ が循環座標になるような変換である．発展問題で見るように，正準変数の一部でも循環座標になってしまえば運動方程式を解くことが簡単になる．そこで問題は，このような複雑な正準変換の母関数を求める方法に帰着するが，その答えはハミルトン・ヤコビの理論によって与えられることになる．

### ‖解答‖

独立変数が $(q, Q)$（タイプ1）なので

$$p = \frac{\partial W}{\partial q} = \frac{m\omega q}{\tan Q}\ ,\quad P = -\frac{\partial W}{\partial Q} = \frac{m\omega q^2}{2\sin^2 Q}\ .$$

座標変換の式は，$P$ の式を $q$ について解くと，

$$q = \sqrt{\frac{2P}{m\omega}}\sin Q\ .$$

すると $p$ の式から

$$p = \sqrt{2Pm\omega}\cos Q\ .$$

これをハミルトニアンに代入すると，

**ワンポイント解説**

・これらの式から，$(q, p)$ を $(Q, P)$ で表す式を導くのがこの問題である．

$$
\begin{aligned}
H'(Q,P) &= H(q(Q,P),p(Q,P)) \\
&= \frac{1}{2m}(2Pm\omega\cos^2 Q) + \frac{m\omega^2}{2}\left(\frac{2P}{m\omega}\sin^2 Q\right) \\
&= \omega P(\cos^2 Q + \sin^2 Q) = \omega P.
\end{aligned}
$$

よって，変換後のハミルトニアンは

$$
H'(Q,P) = \omega P
$$

である．

## 例題 34 の発展問題

**34-1.** 例題の新しい変数 $Q, P$ による正準方程式を解くことで，調和振動子の解を求めよ．

## 例題 35 正準変換とポアッソン括弧

(a) 正準座標に関する関係式 (10.15) を証明せよ.

(b) 以下の関係式が成り立つことを示せ.

$$\widetilde{\{q_i, f\}}_{qp} = \{\widetilde{q_i}, \widetilde{f}\}_{QP} \quad , \quad \widetilde{\{f, p_i\}}_{qp} = \{\widetilde{f}, \widetilde{p_i}\}_{QP}.$$

(c) ポアッソン括弧が正準変数の取り方によらないことを示す関係式 (10.16) を証明せよ.

---

## 考え方

式 (10.16) は物理量（相空間の関数）のポアッソン括弧が，正準変換によらない，つまり，どの正準座標系で計算しても同じ結果を与えることを意味している．よって，式 (10.16) が成り立つならば，座標ごとにポアッソン括弧を添え字で区別する必要はない．

## ‖解答‖

(a) 式 (10.15) の 1 番目の関係式の証明を与える．正準変換によって $(q, p)$ が $(Q, P)$ の関数で与えられたとして，

$$\{q_i, p_j\}_{QP} = \sum_k \left( \frac{\partial q_i}{\partial Q_k} \underline{\frac{\partial p_j}{\partial P_k}} - \frac{\partial q_i}{\partial P_k} \underline{\frac{\partial p_j}{\partial Q_k}} \right).$$

ここで，下線の部分に式 (10.8) を使うと

$$\begin{aligned} \{q_i, p_j\}_{QP} &= \sum_k \left( \frac{\partial q_i}{\partial Q_k} \frac{\partial Q_k}{\partial q_j} + \frac{\partial q_i}{\partial P_k} \frac{\partial P_k}{\partial q_j} \right) \\ &= \frac{\partial q_i}{\partial q_j} = \delta_{ij}. \end{aligned}$$

他の証明も同様に式 (10.8) を使うことで示せる．

(b) $\{q_i, f\}$ に関して，先にポアッソン括弧を求めてから正準変換をする場合，

$$\widetilde{\{q_i, f\}}_{qp} = \frac{\partial f}{\partial p_i}(q(Q, P), p(Q, P)).$$

**ワンポイント解説**

・$q_i$ に関する微分のチェーン則を使った．

一方，先に正準変換をしてからポアッソン括弧をとると

$$\{\widetilde{q}_i, \widetilde{f}\}_{QP} = \sum_j \left( \{\widetilde{q}_i, \widetilde{q}_j\}_{QP} \widetilde{\frac{\partial f}{\partial q_j}} + \{\widetilde{q}_i, \widetilde{p}_j\}_{QP} \widetilde{\frac{\partial f}{\partial p_j}} \right).$$

式 (10.15) が成り立てば

$$\{\widetilde{q}_i, \widetilde{f}\}_{QP} = \widetilde{\frac{\partial f}{\partial p_i}}.$$

よって，左辺と右辺は等しい．$\{f, p_i\}$ に関しても同様に，ポアッソン括弧の左の要素に関するチェーン則を使えばよい．

(c) $\{\widetilde{f}, \widetilde{g}\}$ の $g$ に関して，(a) と同様にチェーン則を使うと

$$\{\widetilde{f}, \widetilde{g}\}_{QP} = \sum_j \left( \{\widetilde{f}, \widetilde{q}_j\}_{QP} \widetilde{\frac{\partial g}{\partial q_j}} + \{\widetilde{f}, \widetilde{p}_j\}_{QP} \widetilde{\frac{\partial g}{\partial p_j}} \right).$$

$\widetilde{f}$ のポアッソン括弧に関して (b) の結果を使うと

$$\{\widetilde{f}, \widetilde{g}\}_{QP} = \sum_j \left( \widetilde{\{f, q_j\}}_{qp} \widetilde{\frac{\partial g}{\partial q_j}} + \widetilde{\{f, p_j\}}_{qp} \widetilde{\frac{\partial g}{\partial p_j}} \right).$$

右辺は $\widetilde{\{f, g\}}_{qp}$ で $g$ にチェーン則を使ってから変換した式であるので，式 (10.16) が証明された．

## 例題 35 の発展問題

**35-1.** 正準変数 $(q_i, p_i)$ が $(u, v)$ の関数として与えられているとき，ラグランジュ括弧

$$[u, v] = \sum_{i=1}^{n} \left( \frac{\partial q_i}{\partial u} \frac{\partial p_i}{\partial v} - \frac{\partial p_i}{\partial u} \frac{\partial q_i}{\partial v} \right)$$

が，正準変換によらないことを証明せよ．

**35-2.** 相空間における体積 (10.17) が正準変換で不変であることを証明せよ．

重要度
★★★★

# 11　無限小正準変換

無限小正準変換は，対称性と物理量，特に保存量との関係を明確にする．

## 《内容のまとめ》

### 無限小正準変換の生成子

連続なパラメータ $\alpha$ による正準変換 $(q,p) \to (Q,P)$ を考える．変換は $\alpha = 0$ で恒等変換になり，独立変数が $(q,P)$（タイプ 2）の母関数 $W(q,P,\alpha)$ で生成されるとし，母関数の $\alpha \ll 1$ に関する展開を

$$W(q,P,\alpha) = \sum_i q_i P_i + \alpha G(q,P) + O(\alpha^2) \tag{11.1}$$

とする．$G(q,P)$ は $\alpha$ による展開の 1 次の項で，具体的には

$$G(q,P) = \left.\frac{\partial W(q,P)}{\partial \alpha}\right|_{\alpha=0} \tag{11.2}$$

で与えられる．$G(q,p) = G(q,P)|_{P=p}$ は**無限小正準変換の生成子**と呼ばれる．無限小正準変換の生成子を使うと，ある物理量 $f(q,p)$ の無限小正準変換は，$\alpha = \epsilon \ll 1$ として

$$\delta f(q,p) = \epsilon\{f(q,p), G(q,p)\} \tag{11.3}$$

で与えられる．

### ネーターの定理

母関数 $W(q,P,\alpha)$ で生成される変換が系の対称性ならば，対応した無限小正準変換の生成子 $G$ とハミルトニアンとのポアッソン括弧は 0 になる：

$$\{G,H\} = 0. \tag{11.4}$$

つまり，対称性の無限小正準変換の生成子は保存量を与える．これはハミルトン形式におけるネーターの定理である．

## 例題 36　無限小正準変換

パラメータ $\epsilon$ による母関数が

$$W(q,P)=\sum_{i=1}^{n} q_i P_i+\epsilon G(q,P)$$

で与えらている．ただし，$G$ は $q,P$ の関数である．以下の問いに答えよ．

(a) 正準変換 $(q,p)\to(Q,P)$ を導け．

(b) 今 $\epsilon$ が無限小のパラメータとして，$\delta q_i=Q_i-q_i$ および $\delta p_i=P_i-p_i$ を $\epsilon$ の 1 次のオーダーの近似で求め，$\delta q_i,\delta p_i$ がそれぞれ式 (11.3) のようにポアッソン括弧で与えられることを示せ．

### 考え方

無限小変換を構成するには，パラメータが 0 で恒等変換になる場合を考えるため，独立変数がタイプ 2 かタイプ 3 の母関数を使うことになる．例題で考えているのは，タイプ 2 の母関数の展開のパラメータの 1 次までをとったと思えば，無限小変換の一般論をやっているのと同じである．

### ‖解答‖

(a) タイプ 2 の正準変換の公式に従って，

$$Q_i=\frac{\partial W}{\partial P_i}=q_i+\epsilon\frac{\partial G(q,P)}{\partial P_i}\ ,$$
$$p_i=\frac{\partial W}{\partial q_i}=P_i+\epsilon\frac{\partial G(q,P)}{\partial q_i}$$

である．

(b) 問い (a) の解答より

$$\delta q_i=Q_i-q_i=\epsilon\frac{\partial G(q,P)}{\partial P_i}=\epsilon\{Q_i,G(q,P)\}\ ,$$
$$\delta p_i=P_i-p_i=-\epsilon\frac{\partial G(q,P)}{\partial q_i}=\epsilon\{p_i,G(q,P)\}$$

である．ここで，$\epsilon$ の 1 次のオーダーまでを考えるならば，右辺のポアッソン括弧内では $(Q_i,P_i)$ は，

**ワンポイント解説**

・ポアッソン括弧はどの正準座標で計算してもよい．ただし，$q_i,p_i$ で計算するならば，変数 $P_i,Q_i$ は $q_i$, $p_i$ で表す必要がある．

$(q_i, p_i)$ に置き換えてよい．よって

$$\delta q_i = \epsilon\{q_i, G(q,p)\}\ ,\ \delta p_i = \epsilon\{p_i, G(q,p)\}$$

を得る．

## 例題 36 の発展問題

**36-1.** 例題 **36** の結果から一般の物理量 $f(q,p)$ に関する無限小変換の式 (11.3) を証明せよ．

## 例題 37　角運動量と無限小回転

回転軸を単位ベクトル $\boldsymbol{n}$ で与え，角度 $\alpha$ の右回転を正準変換で考える．ただし，変換前の正準座標を $\boldsymbol{q} = \begin{pmatrix} x \\ y \\ z \end{pmatrix}$, $\boldsymbol{p} = \begin{pmatrix} p_x \\ p_y \\ p_z \end{pmatrix}$，変換後の座標を $\boldsymbol{Q} = \begin{pmatrix} X \\ Y \\ Z \end{pmatrix}$, $\boldsymbol{P} = \begin{pmatrix} P_X \\ P_Y \\ P_Z \end{pmatrix}$，またその差を $\delta\boldsymbol{q} = \boldsymbol{Q} - \boldsymbol{q} = \begin{pmatrix} \delta x \\ \delta y \\ \delta z \end{pmatrix}$ と表す．

(a) 座標 $\boldsymbol{q}$ を $\boldsymbol{n}$ を軸に角 $\alpha$ だけ回転した座標 $\boldsymbol{Q}$ を与える正準変換 $\boldsymbol{q}, \boldsymbol{p} \to \boldsymbol{Q}, \boldsymbol{P}$ の母関数 $W$ を求め，無限小正準変換の生成子 $G$ を角運動量を使って表せ．

(b) 回転角が無限小角度 $\alpha = \epsilon$ （$\epsilon \ll 1$）のとき，ベクトル $\boldsymbol{q}$ の無限小回転による微小変化を $\delta\boldsymbol{q}$ とする．座標 $\boldsymbol{q}$ の成分を $q_i$ とすると，微小変化はポアッソン括弧を使って

$$\delta q_i = \epsilon\{q_i, G\}$$

で与えられることを示せ．

### 考え方

無限小正準変換の具体例として無限小回転を取り上げる．角運動量が無限小回転を生成する無限小正準変換の生成子になっていることがわかる．

### 解答

(a) 回転軸が $\boldsymbol{n}$ の回転変換で座標間の関係は

$$\boldsymbol{Q} = \boldsymbol{n}(\boldsymbol{n} \cdot \boldsymbol{q}) + (\boldsymbol{n} \times \boldsymbol{q}) \times \boldsymbol{n} \cos\alpha + (\boldsymbol{n} \times \boldsymbol{q}) \sin\alpha$$

で与えられる．よって，母関数は

$$\begin{aligned} W(\boldsymbol{q}, \boldsymbol{P}) &= \boldsymbol{P} \cdot \boldsymbol{Q} \\ &= \boldsymbol{n} \cdot \boldsymbol{P}(\boldsymbol{n} \cdot \boldsymbol{q}) + (\boldsymbol{n} \times \boldsymbol{q}) \cdot (\boldsymbol{n} \times \boldsymbol{P}) \cos\alpha \\ &\qquad + \boldsymbol{P} \cdot (\boldsymbol{n} \times \boldsymbol{q}) \sin\alpha. \end{aligned}$$

無限小正準変換の生成子は

**ワンポイント解説**

・回転変換に関しては式 (4.14) を参照．

・ベクトル $\boldsymbol{a}, \boldsymbol{b}, \boldsymbol{c}$ に関し $\boldsymbol{a} \cdot (\boldsymbol{b} \times \boldsymbol{c}) = \boldsymbol{b} \cdot (\boldsymbol{c} \times \boldsymbol{a})$ が成り立つことを使う．

$$G(q,p) = \left.\frac{\partial W}{\partial \alpha}\right|_{\alpha=0,\boldsymbol{P}=\boldsymbol{p}} = \boldsymbol{P}\cdot(\boldsymbol{n}\times\boldsymbol{q})|_{\boldsymbol{P}=\boldsymbol{p}}$$
$$= \boldsymbol{n}\cdot(\boldsymbol{q}\times\boldsymbol{p}) = \boldsymbol{n}\cdot\boldsymbol{L}.$$

(b) $\alpha = \epsilon \ll 1$ として，$\boldsymbol{Q}$ の右辺を $\epsilon$ の 1 次まで残すと，座標 $\boldsymbol{q}$ の無限小回転による変化は

$$\delta\boldsymbol{q} = \epsilon\boldsymbol{n}\times\boldsymbol{q}$$

である．一方，

$$\{q_i, L_j\} = \left\{q_i, \sum_{k,l=1}^{3}\epsilon_{jkl}q_k p_l\right\} = \sum_{k,l=1}^{3}\epsilon_{jkl}q_k\{q_i, p_l\}$$
$$= \sum_{k,l=1}^{3}\epsilon_{jkl}q_k\delta_{il} = \sum_{k=1}^{3}\epsilon_{ijk}q_k.$$

よって，座標 $q_i$ の $G = \boldsymbol{n}\cdot\boldsymbol{L}$ による無限小正準変換 (11.3) は

$$\delta q_i = \epsilon\{q_i, \boldsymbol{n}\cdot\boldsymbol{L}\}$$
$$= \epsilon\sum_{j=1}^{3}n_j\{q_i, L_j\} = \epsilon\sum_{j,k=1}^{3}n_j\epsilon_{ijk}q_k$$
$$= \epsilon(\boldsymbol{n}\times\boldsymbol{q})_i$$

を与え，座標の無限小回転を与えている．

## 例題 37 の発展問題

**37-1.** 例題で得た無限小正準変換を使って $\delta\boldsymbol{p}$ を求めよ．

## 例題 38　運動量と並進

バネでつながれた質量 $m$ の 2 個の粒子の座標を $\boldsymbol{q}_l = \begin{pmatrix} x_l \\ y_l \\ z_l \end{pmatrix} (l = 1, 2)$ とし，ポテンシャルが $V = \frac{k}{2}|\boldsymbol{q}_2 - \boldsymbol{q}_1|^2$ とする．この系は並進対称性を持つ，つまり，任意のベクトル $\boldsymbol{a}$ で表される系全体の並行移動 $\boldsymbol{q}_1 + \boldsymbol{a}$, $\boldsymbol{q}_2 + \boldsymbol{a}$ に関して対称である．元の運動量を $\boldsymbol{p}_l$，変換後の正準座標を $\boldsymbol{Q}_l$, $\boldsymbol{P}_l$ とする．以下の問いに答えよ．

(a) 並進の母関数を求めよ．$\boldsymbol{a}$ を微小パラメータとしたときの無限小正準変換の生成子は何か？

(b) 求めた無限小正準変換の生成子が保存することをハミルトニアンを使って示せ．

### 考え方

ネーターの定理の例である．一般に対称性がいくつかのパラメータによっている場合，それぞれのパラメータに関する正準変換が存在する．この問題のようにパラメータがベクトルならば，対応した無限小正準変換の生成子もベクトルになる．

### ‖解答‖

(a) 並進の母関数はタイプ 2 を使って

$$W(\boldsymbol{q}_i, \boldsymbol{P}_i, \boldsymbol{a}) = \boldsymbol{P}_1 \cdot (\boldsymbol{q}_1 + \boldsymbol{a}) + \boldsymbol{P}_2 \cdot (\boldsymbol{q}_2 + \boldsymbol{a}).$$

無限小正準変換の生成子は

$$\boldsymbol{G} = \nabla_{\boldsymbol{a}} W|_{\boldsymbol{P}_i = \boldsymbol{p}_i} = \boldsymbol{p}_1 + \boldsymbol{p}_2.$$

これは全運動量である．

(b) 運動量の成分を $\boldsymbol{p}_l = \begin{pmatrix} p_{lx} \\ p_{ly} \\ p_{lz} \end{pmatrix}$ と表すと，ハミルトニアンは

**ワンポイント解説**

・パラメータ $\boldsymbol{a}$ が，ベクトルなので対応した無限小正準変換の生成子もベクトルになる．

$$H = \frac{1}{2m}\sum_{l=1}^{2}\boldsymbol{p}_l^2 + V(\boldsymbol{q}_1 - \boldsymbol{q}_2) \ .$$

$p_{1x}$ と $p_{2x}$ の $H$ とのポアッソン括弧は

$$\{H, p_{1x}\} = \frac{\partial H}{\partial x_1} = \frac{\partial V}{\partial x_1} = k(x_1 - x_2) \ ,$$
$$\{H, p_{2x}\} = \frac{\partial H}{\partial x_2} = \frac{\partial V}{\partial x_2} = k(x_2 - x_1) \ .$$

よって，$\{H, p_{1x} + p_{2x}\} = 0$. 同様に $\{H, p_{1y} + p_{2y}\} = 0$, $\{H, p_{1z} + p_{2z}\} = 0$ も成り立つ．よって，$\boldsymbol{G}$ のすべての成分について

$$\{\boldsymbol{G}, H\} = 0$$

である．つまり，並進対称性があれば全運動量 $\boldsymbol{G}$ は保存する．

## 例題 38 の発展問題

**38-1.** 例題 **38** の系では，全角運動量が保存することを示せ．また，なぜ保存するか答えよ．

## 例題 39　ビリアル定理 (Virial theorem)

(a) $f = f(x_1, \ldots, x_n)$ が変数 $x_i$ の $k$ 次の斉次関数ならば,

$$\sum_{i=1}^{n} x_i \frac{\partial}{\partial x_i} f = kf$$

となることを示せ (斉次関数に関するオイラーの定理).

(b) 周期運動をする系において, 時間に顕わによらない物理量 $f(q,p)$ に関して, 次の時間平均に関する関係式

$$\langle\{f, H\}\rangle := \frac{1}{\tau}\oint dt\{f, H\} = 0$$

が成り立つことを示せ. ただし, $\tau$ は周期, $\oint dt$ は 1 周期にわたる時間積分である.

(c) デカルト座標で $N$ 粒子のハミルトニアンが運動量の 2 次の斉次関数 $T$ と座標のみの関数 $V$ によって $H = T + V$ で与えられている. $f = \sum_{i=1}^{n} p_i q_i \ (n = 3N)$ ととることによって, ビリアルの定理

$$\langle T\rangle = \frac{1}{2}\sum_{i=1}^{n}\left\langle q_i \frac{\partial V}{\partial q_i}\right\rangle$$

を証明せよ.

---

### 考え方

問題 (b) はハミルトニアンとのポアッソン括弧が発展方程式から全微分であることと, 一般に, 周期運動において全微分を 1 周期時間積分するとゼロになることを使う.

### ‖解答‖

(a) $k$ 次の斉次関数は

$$f(sx_1, \ldots, sx_n) = s^k f(x_1, \ldots, x_n)$$

が成り立つので

**ワンポイント解説**

・または同次関数と呼ぶ.

$$\frac{d}{ds}f(sx_1,\ldots,sx_n) = ks^{k-1}f(x_1,\ldots,x_n)\ . \quad (*)$$

一方，合成関数の微分法より

$$\frac{d}{ds}f(y_1(s),\ldots,y_n(s)) = \sum_{i=1}^{n}\left(\frac{dy_i}{ds}\right)\frac{\partial}{\partial y_i}f(y_1(s),\ldots,y_n(s))$$

なので，$y_i(s) = sx_i$ とすると

$$\frac{d}{ds}f(sx_1,\ldots,sx_n) = \sum_{i=1}^{n}x_i\frac{\partial}{\partial x_i}f(sx_1,\ldots,sx_n)\ .$$

この式と $(*)$ に与えられた $\frac{df}{ds}$ の 2 通りの表し方で $s=1$ とすると，問題の式を得る．

(b) 物理量 $f(q,p)$ の時間発展は

$$\frac{df}{dt} = \{f,H\}$$

である．周期を $\tau$ とすると周回積分は 0 から $\tau$ までの積分なので

$$\left\langle\frac{df}{dt}\right\rangle = \frac{1}{\tau}\int_0^{\tau}dt\frac{df}{dt} = \frac{f(\tau)-f(0)}{\tau}\ .$$

周期運動では右辺は 0 である．よって，

$$\langle\{f,H\}\rangle = 0\ .$$

(c) $f=\sum_{i=1}^{3}p_iq_i$ とすると

$$\frac{df}{dt} = \sum_{i=1}^{3}(\dot{p}_iq_i + p_i\dot{q}_i).$$

デカルト座標では，運動エネルギーは運動量の 2 次関数なので

$$
\begin{aligned}
\sum_i \{p_i q_i, H\} &= \sum_i (p_i\{q_i, H\} + \{p_i, H\}q_i) \\
&= \sum_i (p_i\{q_i, T\} + \{p_i, V\}q_i) \\
&= \sum_i \left(p_i \frac{\partial T}{\partial p_i} - q_i \frac{\partial V}{\partial q_i}\right) \\
&= 2T - \sum_i q_i \frac{\partial V}{\partial q_i}.
\end{aligned}
$$

ここで，$T$ は運動量のみの関数，$V$ は座標のみの関数であることを使った．左辺は，周期に関する積分で 0 なので

$$
\langle T \rangle = \frac{1}{2}\sum_i \left\langle q^i \frac{\partial V}{\partial q^i} \right\rangle
$$

が成り立つ．

## 例題 39 の発展問題

**39-1.** ビリアル定理を用いてケプラーの第 3 法則を導け．

重要度
★★★

# 12 剛体の力学

剛体の運動は解析力学の応用として様々な角度から取り上げられてきた．ここでは特に，剛体の回転運動を表すオイラー方程式などを正準形式の応用として取り上げる．

## 《 内容のまとめ 》

剛体系

剛体の運動を記述するには，剛体座標系または剛体系と呼ばれる剛体に固定された直交座標系を導入する．基底を指定した場合，幾何学的ベクトルと成分の列ベクトルは同一視できるが，ここでは静止系と剛体系の基底を同時に考えるので，幾何学的ベクトルを矢印で表し，剛体上の直交基底を $\vec{e}_{x'}, \vec{e}_{y'}, \vec{e}_{z'}$ と書き，対応した剛体系の座標を $x', y', z'$ で表す．一方，観測者の系（静止系）の基底を $\vec{e}_x, \vec{e}_y, \vec{e}_z$ と表し，座標は $x, y, z$ とする．図 12.1 のような剛体上の点 P の座標は，それぞれの基底への分解の係数として

$$\overrightarrow{\mathrm{OP}} = x\vec{e}_x + y\vec{e}_y + z\vec{e}_z \ , \ \ \overrightarrow{\mathrm{O'P}} = x'\vec{e}_{x'} + y'\vec{e}_{y'} + z'\vec{e}_{z'} \tag{12.1}$$

と書ける．位置ベクトルの成分による列ベクトルは，これまでどおり太文字で表す．ただし，基底を区別するため，以下では剛体系で表示された列ベクトルにはプライムをつけて表す．したがって，静止系と剛体系での位置ベクトルの列ベクトルはそれぞれ

$$\boldsymbol{q} = \begin{pmatrix} q_x \\ q_y \\ q_z \end{pmatrix} = \begin{pmatrix} x \\ y \\ z \end{pmatrix} \ , \ \ \boldsymbol{q}' = \begin{pmatrix} q_{x'} \\ q_{y'} \\ q_{z'} \end{pmatrix} = \begin{pmatrix} x' \\ y' \\ z' \end{pmatrix} \tag{12.2}$$

と書く．テンソル表示の場合は，それぞれの静止系の成分を $q_i \, (i = x, y, z)$,

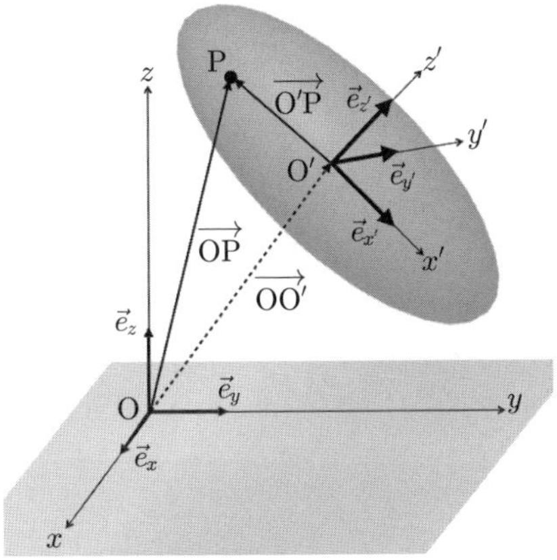


図 12.1

剛体系の成分を $q_{i'}$ $(i' = x', y', z')$ と書き，剛体系の成分には添え字にプライムをつけて区別する．位置ベクトル以外の一般のベクトルに関しても同様の規則を適用する．例えば，角速度ベクトル $\vec{\omega}$ は静止系の基底と回転系の基底でそれぞれ

$$\vec{\omega} = \sum_{i=x,y,z} \omega_i \vec{e}_i = \sum_{i'=x',y',z'} \omega_{i'} \vec{e}_{i'}$$

と展開することができ，$\vec{\omega}$ を成分の列ベクトルで表示する場合，

$$\boldsymbol{\omega} = \begin{pmatrix} \omega_x \\ \omega_y \\ \omega_z \end{pmatrix}, \quad \boldsymbol{\omega}' = \begin{pmatrix} \omega_{x'} \\ \omega_{y'} \\ \omega_{z'} \end{pmatrix} \tag{12.3}$$

と約束する．また，座標系の基底の静止系における成分表示ベクトルも同様に，静止系を $\boldsymbol{e}_i$，剛体系は $\boldsymbol{e}_{i'}$ と書く[1]．

剛体の運動の記述

剛体上の点の相対位置は時間変化しないので，剛体の運動は静止系に対する剛体系の時間発展によって記述される．剛体系の原点の位置ベクトル $\overrightarrow{\mathrm{OO'}}$ の時間変化は剛体全体の空間的運動を表す．以下では，剛体の回転の中心が

[1] $\boldsymbol{e}_{i'}$ は剛体系 $\vec{e}_{i'}$ の静止系における成分表示の列ベクトルで $\vec{e}_{i'} = \sum_j (\boldsymbol{e}_{i'})_j \vec{e}_j$ を満たす．ただし，$(\boldsymbol{e}_{i'})_j$ は列ベクトル $\boldsymbol{e}_{i'}$ の $j$ 番目の成分を表す．

固定されている場合を考え，静止系の原点と剛体系の固定点を共通にとり $\overrightarrow{\mathrm{OO'}}=0$ とする[2]．この場合，剛体系の静止系に対する回転運動を記述すればよい．

そこで，剛体系の基底を静止系で展開し

$$\vec{e}_{i'}=\sum_{i=x,y,z}\vec{e}_i R_{ii'}. \tag{12.4}$$

成分 $R_{ii'}$ の行列を $R$ とする．行列 $R$ は，静止系の成分の列ベクトルとして表示した剛体系の基底 $\boldsymbol{e}_{i'}$ を並べた $3\times 3$ 行列

$$R=(\boldsymbol{e}_{x'},\boldsymbol{e}_{y'},\boldsymbol{e}_{z'}) \tag{12.5}$$

で与えられる回転行列である．$R^t=R^{-1}$ なので，$R$ は直交行列である．つまり，剛体の回転運動は時間によった回転行列 $R$ の時間発展として記述される．

### 剛体の回転運動のラグランジアン

剛体上の点 P の位置ベクトルの静止系と剛体系の座標の関係は

$$\boldsymbol{q}=R\boldsymbol{q}' \quad \text{または} \quad q_i=\sum_{i'}R_{ii'}q_{i'} \tag{12.6}$$

と書ける[3]．点 P は剛体系上では静止しているので $\dot{\boldsymbol{q}}'=0$ である．よって，静止系から見た点 P の速度は

$$\dot{\boldsymbol{q}}=\dot{R}\boldsymbol{q}'=\begin{cases}(\dot{R}R^{-1})\boldsymbol{q}=\boldsymbol{\omega}\times\boldsymbol{q},\\ R(R^{-1}\dot{R})\boldsymbol{q}'=R(\boldsymbol{\omega}'\times\boldsymbol{q}')\end{cases} \tag{12.7}$$

と書ける．ここで，$\dot{R}R^{-1}$ と $R^{-1}\dot{R}$ が反対称行列になり，

$$(\dot{R}R^{-1})_{ij}=-\sum_k\epsilon_{ijk}\omega_k, \tag{12.8}$$

$$(R^{-1}\dot{R})_{i'j'}=-\sum_{k'}\epsilon_{i'j'k'}\omega_{k'} \tag{12.9}$$

と書けることを使った．ここに現れる $\omega_i$, $\omega_{i'}$ はそれぞれ，角速度ベクトルの

---

[2]回転の中心が固定されておらず，自由に並進運動をしている場合，剛体の重心に剛体系の原点 O′ をとる．

[3]以下では添え字 $i,j,\ldots$ または $i',j',k'\ldots$ に関する和はそれぞれ $x,y,z$，または $x',y',z'$ についてとることとする．

静止系と剛体系で列ベクトル表示された $\boldsymbol{\omega}$ と $\boldsymbol{\omega}'$ の成分になる.

剛体の回転による運動エネルギーは慣性モーメント $I_{i'j'}$ を使うと

$$T = \sum_{i',j'} \frac{1}{2} \omega_{i'} I_{i'j'} \omega_{j'} \tag{12.10}$$

と書ける（例題 **40** (a)）. したがって，回転する剛体のラグランジアンはポテンシャルを考慮して

$$L = \frac{1}{2} \sum_{i',j'} \omega_{i'} I_{i'j'} \omega_{j'} - V \tag{12.11}$$

となる.

静止系と剛体系での剛体の角運動量ベクトル，$\boldsymbol{L}$ と $\boldsymbol{L}'$ は

$$\boldsymbol{L} = R\boldsymbol{L}' \quad \left(\text{成分では } L_i = \sum_{j'} R_{ij'} L_{j'}\right) \tag{12.12}$$

を満たし，剛体系での角運動量の成分は

$$L_{i'} = \sum_{j'} I_{i'j'} \omega_{j'} \tag{12.13}$$

で与えられる．よって，剛体系での角運動量 $L_{i'}$ を使うとラグランジアン (12.11) は

$$L = \frac{1}{2} \sum_{i',j'} L_{i'} I^{-1}_{i'j'} L_{j'} - V \tag{12.14}$$

と書くことができる．ただし，$I^{-1}_{i'j'}$ は慣性モーメント $I_{i'j'}$ の逆行列である．以下では剛体系の基底 $\vec{e}_{i'}$ を慣性主軸にとる．慣性モーメントの固有値を $I_{x'}$, $I_{y'}, I_{z'}$（主慣性モーメント）とすると，ラグランジアンは

$$L = \frac{1}{2}(I_{x'}\omega_{x'}^2 + I_{y'}\omega_{y'}^2 + I_{z'}\omega_{z'}^2) - V \tag{12.15}$$

$$= \frac{1}{2}\left(\frac{L_{x'}^2}{I_{x'}} + \frac{L_{y'}^2}{I_{y'}} + \frac{L_{z'}^2}{I_{z'}}\right) - V \tag{12.16}$$

で与えられる.

剛体の状態は角速度で記述されるが，運動方程式は角速度を指定する一般化

座標として次のオイラー角を使って書かれる.

### オイラー角

任意の回転行列 $R$ は一般に 3 種類の回転を合成して得ることができる. 以下では特に回転角をオイラー角 $(\phi,\theta,\psi)$ で表した回転行列

$$
\begin{aligned}
R=&\begin{pmatrix} \cos\phi & -\sin\phi & 0 \\ \sin\phi & \cos\phi & 0 \\ 0 & 0 & 1 \end{pmatrix}\begin{pmatrix} \cos\theta & 0 & \sin\theta \\ 0 & 1 & 0 \\ -\sin\theta & 0 & \cos\theta \end{pmatrix}\begin{pmatrix} \cos\psi & -\sin\psi & 0 \\ \sin\psi & \cos\psi & 0 \\ 0 & 0 & 1 \end{pmatrix} \\
=&\begin{pmatrix} \cos\theta\cos\phi\cos\psi-\sin\phi\sin\psi & -\cos\theta\cos\phi\sin\psi-\sin\phi\cos\psi & \sin\theta\cos\phi \\ \cos\theta\sin\phi\cos\psi+\cos\phi\sin\psi & -\cos\theta\sin\phi\sin\psi+\cos\phi\cos\psi & \sin\theta\sin\phi \\ -\sin\theta\cos\psi & \sin\theta\sin\psi & \cos\theta \end{pmatrix}
\end{aligned}
\tag{12.17}
$$

を使って記述する. ここで, $0\le\phi,\psi<2\pi$ は $z$ 軸周り, $0\le\theta\le\pi$ は $y$ 軸周りの回転角を表す. $R$ の定義 (12.5) より, 行列 (12.17) のそれぞれの列が剛体座標の基底 $\boldsymbol{e}_{x'},\boldsymbol{e}_{y'},\boldsymbol{e}_{z'}$ の静止系での成分表示を与える[4]. 式 (12.9) より角速度ベクトルの剛体系の基底で展開した $\boldsymbol{\omega}'$ の成分は

$$
\begin{cases}
\omega_{x'}=\dot\theta\sin\psi-\dot\phi\sin\theta\cos\psi\ , \\
\omega_{y'}=\dot\theta\cos\psi+\dot\phi\sin\theta\sin\psi\ , \\
\omega_{z'}=\dot\psi+\dot\phi\cos\theta
\end{cases}
\tag{12.18}
$$

で与えられる（例題 **41** 参照).

### 正準座標とハミルトニアン

以下ではオイラー角を一般化座標とし, $q_\theta=\theta$, $q_\phi=\phi$, $q_\psi=\psi$ と表す. また, 添え字をギリシャ文字 $\mu,\nu,\ldots=\theta,\phi,\psi$ で表し, 一般化座標を $q_\mu$ と添え字で区別して書く. よって, 角速度 $\boldsymbol{\omega}'$ をオイラー角 $(\theta,\phi,\psi)$ で表した式 (12.18) は

$$
\omega_{i'}=\sum_{\mu=\theta,\phi,\psi}\omega_{i'\mu}\dot q_\mu \tag{12.19}
$$

と書ける. 行列 $\omega_{i'\mu}$ を使うと, ラグランジアン (12.15) は

---

[4] オイラー角の定義にはいくつかの流儀がある. ここで用いる定義では, 剛体系の基底が $\psi=0$ で極座標の基底を並べて作られる行列 $U=(\boldsymbol{e}_\theta,\boldsymbol{e}_\phi,\boldsymbol{e}_r)$ と一致する.

$$L = \frac{1}{2}\sum_{\mu,\nu}\sum_{i'} I_{i'}\omega_{i'\mu}\omega_{i'\nu}\dot{q}_\mu\dot{q}_\nu \tag{12.20}$$

と書ける．ここで添え字 $\mu,\nu$ の和の範囲は $\theta,\phi,\psi$ である[5]．よって，$q_\mu$ の正準共役運動量 $p_\mu$ は，

$$p_\mu = \frac{\partial L}{\partial \dot{q}_\mu} = \sum_{\nu}\sum_{i'} I_{i'}\omega_{i'\mu}\omega_{i'\nu}\dot{q}_\nu \tag{12.21}$$

と書ける．この式から直接ハミルトニアンを導くこともできるが，通常剛体の回転運動を記述する場合は，角運動量を経由して行う．そのために，

$$\sum_{i'} K_{i'\mu}\omega_{i'\nu} = \delta_{\mu\nu} \tag{12.22}$$

という行列 $K_{i'\mu}$ を導入する．式 (12.21) から剛体系の角運動量 $L_{i'}$ の正準座標 $(q_\mu, p_\mu)$ による表示が

$$\sum_{\mu} K_{i'\mu}p_\mu = \sum_{\nu} I_{i'}\omega_{i'\nu}\dot{q}_\nu = L_{i'} \tag{12.23}$$

のように与えられる．具体的には

$$\left\{\begin{aligned} L_{x'} &= \sin\psi p_\theta - \tfrac{\cos\psi}{\sin\theta}p_\phi + \tfrac{\cos\psi\cos\theta}{\sin\theta}p_\psi \ , \\ L_{y'} &= \cos\psi p_\theta + \tfrac{\sin\psi}{\sin\theta}p_\phi - \tfrac{\sin\psi\cos\theta}{\sin\theta}p_\psi \ , \\ L_{z'} &= p_\psi \end{aligned}\right. \tag{12.24}$$

である．剛体系を慣性主軸にとった場合ハミルトニアンは，$L_{i'}$ を使って

$$H = \sum_{i'} \frac{1}{2} I_{i'}^{-1} L_{i'}L_{i'} + V \tag{12.25}$$

と書くことができる．角運動量の発展方程式は

$$\dot{L}_{i'} = \{L_{i'}, H\} = -\sum_{j',k'} \frac{1}{I_{j'}}\epsilon_{i'j'k'}L_{k'}L_{j'} + \{L_{i'}, V\} \tag{12.26}$$

であり，$N_{i'} = \{L_{i'}, V\}$ をトルクとして成分で書くと

[5]以下では，和をとる添え字のみ書き，$\mu,\nu,\ldots$ の範囲は $\theta,\phi,\psi$ と約束する．

$$\begin{cases} \dot{L}_{x'} = \frac{I_{y'}-I_{z'}}{I_{y'}I_{z'}} L_{y'}L_{z'} + N_{x'}\ , \\ \dot{L}_{y'} = \frac{I_{z'}-I_{x'}}{I_{z'}I_{x'}} L_{z'}L_{x'} + N_{y'}\ , \\ \dot{L}_{z'} = \frac{I_{x'}-I_{y'}}{I_{x'}I_{y'}} L_{x'}L_{y'} + N_{z'} \end{cases} \tag{12.27}$$

となり，剛体のオイラー方程式と呼ばれる（例題 **42** 参照）.

剛体系を慣性主軸にとった場合の角運動量と角速度の関係を使うと，角速度により表示された剛体のオイラー方程式

$$\begin{cases} \dot{\omega}_{x'} = \frac{I_{y'}-I_{z'}}{I_{x'}} \omega_{y'}\omega_{z'} + \frac{N_{x'}}{I_{x'}} \\ \dot{\omega}_{y'} = \frac{I_{z'}-I_{x'}}{I_{y'}} \omega_{z'}\omega_{x'} + \frac{N_{y'}}{I_{y'}} \\ \omega_{z'} = \frac{I_{x'}-I_{y'}}{I_{z'}} \omega_{x'}\omega_{y'} + \frac{N_{z'}}{I_{z'}} \end{cases}$$

を得る.

## 例題 40　剛体のラグランジアン

剛体を剛体系に固定された質点系と考える．$a$ 番目の質点の質量を $m^{(a)}$，静止系と剛体系での位置をそれぞれ $\boldsymbol{q}^{(a)}$，$\boldsymbol{q}'^{(a)}$ とし，回転運動のラグランジアンを次の手順に従って求めよ．

(a) 剛体の回転運動のエネルギーが式 (12.10) で与えられることを示せ．ただし，慣性モーメントは

$$I_{i'j'} = \sum_a m^{(a)}(\delta_{i'j'}|\boldsymbol{q}'^{(a)}|^2 - q_{i'}^{(a)} q_{j'}^{(a)})$$

で与えられる．

(b) 剛体の角運動量が剛体系では式 (12.24) で与えられることを示せ．

(c) 剛体の回転運動のラグランジアン (12.15) を求めよ．

## 考え方

剛体のラグランジアンを構成するには，剛体を質点の集合と考えて行うとわかりやすい．すると，回転運動のエネルギーも角運動量も質点それぞれの回転運動のエネルギーと角運動量の和になる．連続体として扱う場合は質点に関する和が体積積分に置き換わるが，剛体の形状の情報はすべて慣性モーメントに集約され，得られる結果は同じである．

## ‖解答‖

(a) 全運動エネルギーは，質点の運動エネルギーの総和

$$T = \sum_a \frac{1}{2} m^{(a)} |\dot{\boldsymbol{q}}^{(a)}|^2 = \sum_a \frac{1}{2} m^{(a)} |\boldsymbol{\omega}' \times \boldsymbol{q}'^{(a)}|^2$$

である．ベクトルの公式を用いると

$$T = \sum_a \frac{1}{2} m^{(a)} \Big( |\boldsymbol{\omega}'|^2 |\boldsymbol{q}'^{(a)}|^2 - (\boldsymbol{\omega}' \cdot \boldsymbol{q}'^{(a)})^2 \Big)$$

$$= \sum_{i',j'} \omega_{i'} \omega_{j'} \sum_a \frac{1}{2} m^{(a)} \Big( \delta_{i'j'} |\boldsymbol{q}'^{(a)}|^2 - q_{i'} q_{j'} \Big)$$

なので，慣性モーメント $I_{i'j'}$ を使えば式 (12.10) と書ける．

(b) 剛体の角運動量 $\boldsymbol{L}$ は，それぞれの質点の角運動量

**ワンポイント解説**

・$\dot{\boldsymbol{q}} = R(\boldsymbol{\omega} \times \boldsymbol{q}')$ なので $R$ が入るが，内積をとると $R^t R = 1$ で落ちる．

・$|\boldsymbol{A} \times \boldsymbol{B}|^2 = |\boldsymbol{A}|^2 |\boldsymbol{B}|^2 - (\boldsymbol{A} \cdot \boldsymbol{B})^2$

の和で与えられ，それを剛体系で表すと

$$
\begin{aligned}
\boldsymbol{L} &= \textstyle\sum_a m^{(a)}\boldsymbol{q}^{(a)}\times\dot{\boldsymbol{q}}^{(a)} \\
&= \textstyle\sum_a m^{(a)}R\boldsymbol{q}'^{(a)}\times R(\boldsymbol{\omega}'\times\boldsymbol{q}'^{(a)}) \\
&= R\textstyle\sum_a m^{(a)}\boldsymbol{q}'^{(a)}\times(\boldsymbol{\omega}'\times\boldsymbol{q}'^{(a)}) = R\boldsymbol{L}'
\end{aligned}
$$

と書ける．剛体系での角運動量 $\boldsymbol{L}'$ の成分は公式を使うと

$$
\begin{aligned}
(\boldsymbol{L}')_{i'} &= \sum_a m^{(a)}\left(\omega_{i'}|\boldsymbol{q}'^{(a)}|^2 - q^{(a)}_{i'}(\boldsymbol{\omega}'\cdot\boldsymbol{q}'^{(a)})\right) \\
&= \sum_{j'} I_{i'j'}\omega_{j'}
\end{aligned}
$$

で与えられる．

・$\boldsymbol{A}\times(\boldsymbol{B}\times\boldsymbol{C}) = \boldsymbol{B}(\boldsymbol{A}\cdot\boldsymbol{C}) - \boldsymbol{C}(\boldsymbol{A}\cdot\boldsymbol{B})$

(c) 剛体系を慣性主軸にとると，慣性モーメントは $I_{i'j'} = \delta_{i'j'}I_{i'}$ である．よって，運動エネルギーと角運動量は

$$
T = \frac{1}{2}\sum_{i'} I_{i'}\omega_{i'}^2\ ,\quad L_{i'} = I_{i'}\omega_{i'}
$$

である．運動エネルギーに $\omega_{i'} = \frac{L_{i'}}{I_{i'}}$ を代入してラグランジアンを書くと式 (12.15) になる．

・慣性モーメントを対角化したときの固有値が主慣性モーメントで，対応した固有ベクトルが慣性主軸である．

## 例題 40 の発展問題

**40-1.** 外力が働かなければ静止系における角運動量が保存する ($\dot{\boldsymbol{L}} = 0$) ことを使って，トルク項の無い剛体のオイラー方程式を導け．

## 例題 41　オイラー角と角速度ベクトル

剛体系の基底の静止系での成分ベクトル $\boldsymbol{e}_{i'}$ $(i' = x', y', z')$ が作る回転行列 (12.5) がオイラー角 (12.17) で与えられているとして，以下の問いに答えよ．

(a) 回転行列 $R$ について，$R^{-1}\dot{R}$ が反対称行列であることを示せ．

(b) 基底 $\boldsymbol{e}_{i'}$ を極座標の基底 $(\boldsymbol{e}_\theta, \boldsymbol{e}_\phi, \boldsymbol{e}_r)$（発展問題 **1-2** 参照）を用いて表せ．

(c) 問い (b) の結果と極座標の時間微分を使って，基底の $\boldsymbol{e}_{i'}$ の時間微分を求め，角速度ベクトル $\omega_{i'}$ が式 (12.18) で与えられることを示せ．

### 考え方

回転運動する剛体の状態は角速度ベクトルで表されるので，回転運動は角速度ベクトル $\vec{\omega}$ の時間発展として記述される．一方，静止系と剛体系の関係は回転行列 $R$ で与えられ，その $R$ はオイラー角によって指定されている．したがって，剛体の運動方程式はオイラー角を一般化座標として書かれ，剛体の運動はオイラー角の時間発展の結果得られる角速度の時間発展として記述されることになる．例えば，列ベクトル $\boldsymbol{\omega}'$ は剛体上でどの方向に回転軸があるかを指定しているので，その時間発展は剛体中を回転軸がどのように動くかを表すことになる．

そこで，$\boldsymbol{\omega}$ や $\boldsymbol{\omega}'$ を具体的にオイラー角で表す問題を解かなくてはならない．例題ではオイラー角を式 (12.17) とした場合の関係式を導いている．発展問題では，静止系での角速度ベクトルを求める．

### ‖解答‖

(a) 直交行列では $R^{-1} = R^t$ が成り立つ．よって

$$(R^{-1}\dot{R})^t = \dot{R}^t (R^{-1})^t = \dot{R}^t R.$$

また，$R^t R = 1$ なので

$$\frac{d}{dt}(R^t R) = \dot{R}^t R + R^t \dot{R} = 0.$$

よって

**ワンポイント解説**

$$(R^{-1}\dot{R})^t = \dot{R}^t R = -R^t \dot{R} = -R^{-1}\dot{R}$$

が成り立ち，反対称行列であることが示せた．

(b) オイラー角の定義 (12.17) の回転行列 $R$ の最初の $\phi$ と $\theta$ 回転の行列の積は，極座標の基底を並べてできる行列 $U = (\boldsymbol{e}_\theta, \boldsymbol{e}_\phi, \boldsymbol{e}_r)$ になっている．よって

$$R = (\boldsymbol{e}_\theta, \boldsymbol{e}_\phi, \boldsymbol{e}_r)\begin{pmatrix} \cos\psi & -\sin\psi & 0 \\ \sin\psi & \cos\psi & 0 \\ 0 & 0 & 1 \end{pmatrix}.$$

結果を $R = (\boldsymbol{e}_{x'}, \boldsymbol{e}_{y'}, \boldsymbol{e}_{z'})$ と比較すると，次の剛体座標系の基底の，極座標の基底による表示が求まる．

$$\begin{cases} \boldsymbol{e}_{x'} = \cos\psi\,\boldsymbol{e}_\theta + \sin\psi\,\boldsymbol{e}_\phi, \\ \boldsymbol{e}_{y'} = -\sin\psi\,\boldsymbol{e}_\theta + \cos\psi\,\boldsymbol{e}_\phi, \\ \boldsymbol{e}_{z'} = \boldsymbol{e}_r\ . \end{cases}$$

(c) 極座標の時間微分は（発展問題 **1-2** 参照）

$$\begin{cases} \dot{\boldsymbol{e}}_r = \ \dot{\theta}\boldsymbol{e}_\theta + \dot{\phi}\sin\theta\,\boldsymbol{e}_\phi\ , \\ \dot{\boldsymbol{e}}_\theta = \ -\dot{\theta}\boldsymbol{e}_r + \dot{\phi}\cos\theta\,\boldsymbol{e}_\phi\ , \\ \dot{\boldsymbol{e}}_\phi = \ -\dot{\phi}\sin\theta\,\boldsymbol{e}_r - \dot{\phi}\cos\theta\,\boldsymbol{e}_\theta \end{cases}$$

・機械的に $R^{-1}\dot{R}$ の計算を行うことでも得られる．ここでは極座標の結果を経由して得る方法を見る．

である．問題 (b) の $\boldsymbol{e}_{i'}$ の右辺の時間微分から

$$\begin{aligned} \dot{\boldsymbol{e}}_{x'} &= \dot{\psi}(-\sin\psi\,\boldsymbol{e}_\theta + \cos\psi\,\boldsymbol{e}_\phi) + \cos\psi\,\dot{\boldsymbol{e}}_\theta + \sin\psi\,\dot{\boldsymbol{e}}_\phi \\ &= \dot{\psi}\boldsymbol{e}_{y'} + \cos\psi(-\dot{\theta}\boldsymbol{e}_r + \dot{\phi}\cos\theta\,\boldsymbol{e}_\phi) \\ &\qquad\qquad - \sin\psi\,\dot{\phi}(\sin\theta\,\boldsymbol{e}_r + \cos\theta\,\boldsymbol{e}_\theta) \\ &= (\dot{\psi} + \dot{\phi}\cos\theta)\boldsymbol{e}_{y'} - (\dot{\theta}\cos\psi + \dot{\phi}\sin\psi\sin\theta)\boldsymbol{e}_{z'}. \end{aligned}$$

・$\boldsymbol{e}_\theta, \boldsymbol{e}_\phi, \boldsymbol{e}_r$ を $\boldsymbol{e}_{i'}$ で表したものを代入．

同様に，

$$\dot{\boldsymbol{e}}_{y'} = -(\dot{\psi} + \dot{\phi}\cos\theta)\boldsymbol{e}_{x'} + (\sin\psi\dot{\theta} - \cos\psi\dot{\phi}\sin\theta)\boldsymbol{e}_{z'},$$

$$\dot{\boldsymbol{e}}_{z'} = (\dot{\theta}\cos\psi + \dot{\phi}\sin\theta\sin\psi)\boldsymbol{e}_{x'} + (-\dot{\theta}\sin\psi + \dot{\phi}\sin\theta\cos\psi)\boldsymbol{e}_{y'}.$$

回転行列と基底の関係から

$$R^{-1}\dot{R} = \begin{pmatrix} \boldsymbol{e}_{x'}^t \\ \boldsymbol{e}_{y'}^t \\ \boldsymbol{e}_{z'}^t \end{pmatrix} \begin{pmatrix} \dot{\boldsymbol{e}}_{x'} & \dot{\boldsymbol{e}}_{y'} & \dot{\boldsymbol{e}}_{z'} \end{pmatrix} = \begin{pmatrix} \boldsymbol{e}_{x'}\cdot\dot{\boldsymbol{e}}_{x'} & \boldsymbol{e}_{x'}\cdot\dot{\boldsymbol{e}}_{y'} & \boldsymbol{e}_{x'}\cdot\dot{\boldsymbol{e}}_{z'} \\ \boldsymbol{e}_{y'}\cdot\dot{\boldsymbol{e}}_{y'} & \boldsymbol{e}_{y'}\cdot\dot{\boldsymbol{e}}_{y'} & \boldsymbol{e}_{y'}\cdot\dot{\boldsymbol{e}}_{z'} \\ \boldsymbol{e}_{z'}\cdot\dot{\boldsymbol{e}}_{x'} & \boldsymbol{e}_{z'}\cdot\dot{\boldsymbol{e}}_{y'} & \boldsymbol{e}_{z'}\cdot\dot{\boldsymbol{e}}_{z'} \end{pmatrix}.$$

よって，各成分 $(R^{-1}\dot{R})_{i'j'} = \boldsymbol{e}_{i'}\cdot\dot{\boldsymbol{e}}_{j'}$ を求めることができる．その結果と

$$(R^{-1}\dot{R})_{i'j'} = -\sum_{k'} \epsilon_{i'j'k'}\omega_{k'}$$

を比較して $\omega_{k'}$ を求めると，式 (12.18) を得る．

3×3 反対称行列は必ずこの形に書ける．

## 例題 41 の発展問題

**41-1.** 静止系での角速度ベクトル $\boldsymbol{\omega}$ を求めよ．

### 例題 42　剛体のオイラー方程式

剛体に対する静止系の角運動量 $\boldsymbol{L}$ と剛体系の角運動量 $\boldsymbol{L}'$ について以下の問いに答えよ．

(a) $3\times 3$ 行列 $T_{i'}$（回転の生成子）を $(T_{i'})_{j'k'} = -\epsilon_{i'j'k'}$ で定義すると

$$\dot{R} = \sum_{i'} R T_{i'} \omega_{i'}$$

と書けることを示せ．

(b) 問い (a) の結果を使って，式 (12.22) の $K_{i'\mu}$ が

$$\sum_{\mu}\left(K_{i'\mu}\frac{\partial K_{j'\nu}}{\partial q_\mu} - K_{j'\mu}\frac{\partial K_{i'\nu}}{\partial q_\mu}\right) = \sum_{k'} \epsilon_{i'j'k'} K_{k'\nu}$$

という関係式を満たすことを示せ．

(c) 剛体系の角運動量 $L_{i'}$ のポアッソン括弧が

$$\{L_{i'}, \boldsymbol{e}_{j'}\} = -\textstyle\sum_{k'} \epsilon_{i'j'k'} \boldsymbol{e}_{k'},$$
$$\{L_{i'}, L_{j'}\} = -\textstyle\sum_{k'} \epsilon_{i'j'k'} L_{k'}$$

となることを示せ．ただし，ベクトルのポアッソン括弧は成分のポアッソン括弧である．

(d) 角運動量の発展方程式から，剛体のオイラー方程式を導出せよ．

---

### 考え方

剛体のオイラー方程式を角運動量の発展方程式として導く問題である．例題 (b) の関係式は，剛体の回転運動の問題を考えるときに重要な関係式で，$K_{i'\mu}$ は左不変ベクトル場と呼ばれる．ハミルトニアンが角運動量 $\boldsymbol{L}'$ で与えられることから，例題 (c) のポアッソン括弧は剛体の正準方程式を求めるときに必要となる．

### ‖解答‖

(a) 両辺に左から $R$ を掛け，行列 $(T_{k'})_{i'j'} = -\epsilon_{i'j'k'}$ の定義を使うと

**ワンポイント解説**

$$\dot{R}_{ij'} = -\sum_{l',k'} R_{il'}\epsilon_{l'j'k'}\omega_{k'} = \sum_{k'} (RT_{k'})_{ij'}\omega_{k'}$$

と書ける．これは問題の式を成分表示したものである．

・$\dot{R} = (\dot{\boldsymbol{e}}_{x'}, \dot{\boldsymbol{e}}_{y'}, \dot{\boldsymbol{e}}'_z)$ なので $\dot{\boldsymbol{e}}_{i'}$ の式から直接示すことも可能である．結果も基底を使うと $\dot{\boldsymbol{e}}_{i'} = \boldsymbol{\omega}' \times \boldsymbol{e}_{i'}$ と書ける．

(b) $\dot{R}$ の式は，座標の微分を使って

$$\dot{R} = \sum_{\mu} \dot{q}_{\mu} \frac{\partial R}{\partial q_{\mu}}$$

と書ける．問 (a) の式と比較すると $\dot{q}_{\mu}$ は独立なので，係数が

$$\frac{\partial R}{\partial q_{\mu}} = \sum_{k'} RT_{k'}\omega_{k'\mu}$$

という関係式を与える．両辺に $K_{j'\mu}$ を掛けると

$$\sum_{\nu} K_{j'\nu} \frac{\partial R}{\partial q_{\nu}} = RT_{j'}. \quad (**)$$

・$T_{i'}$ は回転の生成子と呼ばれ，左不変ベクトルによって回転行列の右変換が引き起こされることを示している．

さらに両辺を $\sum_{\mu} K_{i'\mu} \frac{\partial}{\partial q_{\mu}}$ で微分すると

$$\sum_{\mu,\nu} K_{i'\mu} \frac{\partial}{\partial q_{\mu}} K_{j'\nu} \frac{\partial R}{\partial q_{\nu}} = \sum_{\mu} K_{i'\mu} \frac{\partial}{\partial q_{\mu}} RT_{j'} = RT_{i'}T_{j'}$$

を得る．両辺の $i'$ と $j'$ を入れ替えた式との差をとり，$T_{i'}T_{j'} - T_{j'}T_{i'} = \sum_{k'} \epsilon_{i'j'k'}T_{k'}$ を使うと（発展問題 **14-3** 参照）

$$\sum_{\mu,\nu} \left( K_{i'\mu} \frac{\partial K_{j'\nu}}{\partial q_{\mu}} - (i' \leftrightarrow j') \right) \frac{\partial R}{\partial q_{\nu}} = \epsilon_{i'j'k'} RT_{k'}.$$

右辺に上の式 (**) を使うと $\frac{\partial R}{\partial q_{\nu}}$ の係数間の関係式として問題の式が得られる．

(c) $L_{i'}$ の正準座標での表示 (12.23) を使うと

$$
\begin{aligned}
\{L_{i'}, R_{jk'}\} &= \sum_{\mu} K_{i'\mu}\{p_\mu, R_{jk'}\} \\
&= -\sum_{\mu} K_{i'\mu}\frac{\partial R_{jk'}}{\partial q_\mu} \\
&= -(RT_{i'})_{jk'} = \sum_{l'} R_{jl'}\epsilon_{i'l'k'}.
\end{aligned}
$$

・剛体系の角運動量が回転行列に関して右変換を引き起こしている．

一方，$(\boldsymbol{e}_{j'})_i = R_{ij'}$ なので，

$$
\{L_{i'}, (\boldsymbol{e}_{k'})_j\} = -\sum_{l'}(\boldsymbol{e}_{l'})_j\epsilon_{i'k'l'}.
$$

・角運動量 $L_{i'}$ が，剛体系の無限小回転を生成している．一方，角運動量 $L_i$ は静止系の無限小回転を生成する（発展問題 **42-1**）．

これをベクトルとして書いたのが問題の式である．同様に

$$
\begin{aligned}
\{L_{i'}, L_{j'}\} &= \sum_{\mu,\nu}\{K_{i'\mu}p_\mu, K_{j'\nu}p_\nu\} \\
&= \sum_{\mu,\nu}\Big(K_{i'\mu}\{p_\mu, K_{j'\nu}\}p_\nu \\
&\qquad\qquad + K_{j'\nu}\{K_{i'\mu}, p_\nu\}p_\mu\Big) \\
&= \sum_{\mu,\nu}\Big(-K_{i'\mu}\frac{\partial K_{j'\nu}}{\partial \rho_\mu} + K_{j'\mu}\frac{\partial K_{i'\nu}}{\partial \rho_\mu}\Big)p_\nu.
\end{aligned}
$$

ここで，問い (b) の関係式を使うと

$$
\{L_{i'}, L_{j'}\} = -\sum_{k',\nu}\epsilon_{i'j'k'}K_{k'\nu}p_\nu = -\sum_{k'}\epsilon_{i'j'k'}L_{k'}
$$

を得る．

(d) ハミルトニアン (12.25) より，発展方程式は

$$
\begin{aligned}
\dot{L}_{i'} &= \{L_{i'}, H\} \\
&= \sum_{j'}\frac{1}{I_{j'}}L_{j'}\{L_{i'}, L_{j'}\} + \{L_{i'}, V\} \\
&= -\sum_{j',k'}\frac{1}{I_{j'}}\epsilon_{i'j'k'}L_{k'}L_{j'} + \{L_{i'}, V\}
\end{aligned}
$$

これは，式 (12.26) である．

## 例題 42 の発展問題

**42-1.** $\{L_{i'}, R_{jk'}\}$ および $\{L_i, R_{jk'}\}$ を求めよ．ただし，正準変数で書かれた静止系での角運動量は $L_i = \sum_{j'} R_{ij'} L_{j'}$ で与える．

**42-2.** $\{L_{i'}, L_j\}$ と $\{L_i, L_j\}$ を求めよ．

**42-3.** 静止系の角運動量 $\boldsymbol{L}$ の正準座標による表示を求めよ．

### 例題 43　コマの運動

質量 $M$ の軸対称なコマの回転運動を考える．剛体系を，図 12.2 のように固定点を原点 O とした慣性主軸にとり，基底を $\boldsymbol{e}_{i'}$，主慣性モーメントを $I_{x'} = I_{y'} = I$, $I_{z'}$ とする．重心が原点から $\ell$ のところにあるとする．次の問いに答えよ．ただし，重力加速度を $g$ とする．

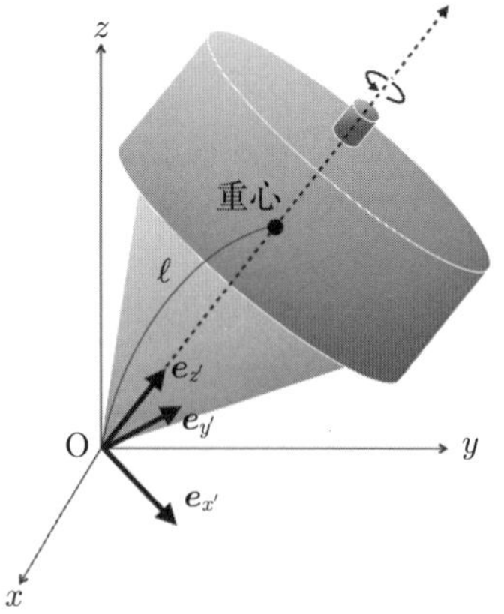


図 12.2

(a) ラグランジアンをオイラー角を変数として与えよ．

(b) 共役運動量を求め，ハミルトニアンを書け．ただし，共役運動量をそれぞれ $(p_\theta, p_\phi, p_\psi)$ とする．

(c) 角度変数 $(\theta, \phi, \psi)$ の時間発展の方程式から，$p_\theta = 0$ ならば定数 $\Omega_\phi$, $\Omega_\psi$ を使って，$\phi = \Omega_\phi t$, $\psi = \Omega_\psi t$ と書けることを示し，共役運動量および剛体系での角運動量を $\Omega_\phi$, $\Omega_\psi$, $\theta$ を用いて表せ．

(d) 軸対称の場合のオイラー方程式を書け．

(e) オイラー方程式を使って，重力が無い場合の $\Omega_\phi$ と $\Omega_\psi$ の関係を $p_\theta = 0$ の下で求めよ．また角速度ベクトル $\boldsymbol{\omega}'$ を求めよ．

---

## 考え方

コマの運動エネルギーは標準形なので，必要なのは重力によるポテンシャルエネルギーである．これは剛体の重心が $\ell\boldsymbol{e}_{z'}$ の位置にあるので，その静止系での位置エネルギーを求めればよい．コマの運動は回転と回転軸の歳差運動と章動の組合せで，3 つのオイラー角の時間依存性がそれらを表す．例題では，章動のない単純な歳差運動を与える $p_\theta = 0$ の場合の解を求める．正準方程式は座標と共役運動量の発展を与えるが，(c) では，座標の時間依存性が決まることを見る．共役運動量と角運動量の関数形がわかり，角運動量が回転していることが見える．続く問題で，オイラー方程式がコマの回転と回転軸の歳差運動による回転の関係を与えることがわかる．それを解くことで角速度ベクトルの時間発展としてコマの回転を見ることができる．

## ‖解答‖

(a) 重心の位置は $\boldsymbol{\ell} = \ell \boldsymbol{e}_{z'}$ なので，重力によるポテンシャルは

$$V = Mg\boldsymbol{e}_z \cdot \boldsymbol{\ell} = Mg\ell\cos\theta.$$

オイラー角でのコマのラグランジアンは式 (12.15) なので，軸対称ゴマの仮定 $I_{x'} = I_{y'} = I$ を代入すると

$$L = \frac{1}{2}(I(\omega_{x'}^2 + \omega_{y'}^2) + I_{z'}\omega_{z'}^2) - Mg\ell\cos\theta.$$

これに，角速度 $\boldsymbol{\omega}'$ のオイラー角による表示 (12.18) を代入すると

$$L = \frac{1}{2}\left(I(\dot{\theta}^2 + \dot{\phi}^2\sin^2\theta) + I_{z'}(\dot{\psi} + \dot{\phi}\cos\theta)^2\right) - Mg\ell\cos\theta$$

となる．

(b) 共役運動量の定義より

$$\begin{cases} p_\theta = I\dot{\theta}, \\ p_\phi = I\sin^2\theta\dot{\phi} + I_{z'}(\dot{\psi} + \dot{\phi}\cos\theta)\cos\theta, \\ p_\psi = I_{z'}(\dot{\psi} + \dot{\phi}\cos\theta). \end{cases}$$

ラグランジアンは対称行列 $G_{\mu\nu}$,

**ワンポイント解説**

・$\boldsymbol{e}_z \cdot \boldsymbol{e}_{z'} = \cos\theta$

・共役運動量の式を逆に解いて代入するだけだが，ここでは行列表示による方法を使う．

$$G = \begin{pmatrix} I & 0 & 0 \\ 0 & I\sin^2\theta + I_{z'}\cos^2\theta & I_{z'}\cos\theta \\ 0 & I_{z'}\cos\theta & I_{z'} \end{pmatrix}$$

を導入すると

$$L = \frac{1}{2}\sum_{\mu,\nu} G_{\mu\nu}\dot{q}_\mu\dot{q}_\nu - V$$

・$\mu, \nu$ は $\theta, \phi, \psi$ を表す添え字.

と書け，運動量は $p_\mu = \sum_\nu G_{\mu\nu}\dot{q}_\nu$．よって，$\dot{q}_\mu = \sum_\nu G^{-1}_{\mu\nu}p_\nu$ であり

$$H = \sum_\mu \dot{q}_\mu p_\mu - L = \frac{1}{2}\sum_{\mu,\nu} p_\mu G^{-1}_{\mu\nu} p_\nu + V$$

である．$G$ の逆行列は

$$G^{-1} = \begin{pmatrix} I^{-1} & 0 & 0 \\ 0 & \frac{1}{I\sin^2\theta} & -\frac{\cos\theta}{I\sin^2\theta} \\ 0 & -\frac{\cos\theta}{I\sin^2\theta} & \frac{1}{I_{z'}} + \frac{\cos^2\theta}{I\sin^2\theta} \end{pmatrix}$$

なので，代入するとハミルトニアンは

$$H = \frac{1}{2I}p_\theta^2 + \frac{(p_\phi - p_\psi\cos\theta)^2}{2I\sin^2\theta} + \frac{p_\psi^2}{2I_{z'}} + Mg\ell\cos\theta.$$

(c) $\phi$ と $\psi$ は循環座標になっているので $p_\phi$，$p_\psi$ は定数である．角度変数の発展方程式は

・座標の発展方程式は，問い (b) の運動量の式を逆に解いた式である．

$$\begin{cases} \dot{\theta} = \{\theta, H\} = \frac{p_\theta}{I}, \\ \dot{\phi} = \{\phi, H\} = \frac{p_\phi - p_\psi\cos\theta}{I\sin^2\theta}, \\ \dot{\psi} = \{\psi, H\} = \frac{p_\psi}{I_{z'}} - \frac{(p_\phi - p_\psi\cos\theta)\cos\theta}{I\sin^2\theta} \end{cases}$$

なので，$p_\theta = 0$ ならば $\theta$ は定数であり，残りの発展方程式の右辺は定数になる．よって，$\phi = \Omega_\phi t$，$\psi = \Omega_\psi t$ と書け，

$$\Omega_\phi = \frac{p_\phi - p_\psi \cos\theta}{I \sin^2\theta},$$
$$\Omega_\psi = \frac{p_\psi}{I_{z'}} - \frac{(p_\phi - p_\psi \cos\theta)\cos\theta}{I \sin^2\theta}$$

である．

$p_\theta = 0$ の場合の $\phi = \Omega_\phi t$，$\psi = \Omega_\psi t$ を代入すると，運動量は

$$\begin{cases} p_\psi = I_{z'}(\Omega_\psi + \Omega_\phi \cos\theta), \\ p_\phi = I\Omega_\phi \sin^2\theta + I_{z'}(\Omega_\psi + \Omega_\phi \cos\theta) \end{cases}$$

であり，角運動量は式 (12.24) より

$$\begin{cases} L_{x'} = -\frac{p_\phi - p_\psi \cos\theta}{\sin\theta} \cos\psi = -I\Omega_\phi \sin\theta \cos\Omega_\psi t \ , \\ L_{y'} = \frac{p_\phi - p_\psi \cos\theta}{\sin\theta} \sin\psi = I\Omega_\phi \sin\theta \sin\Omega_\psi t \ , \\ L_{z'} = p_\psi = I_{z'}(\Omega_\psi + \Omega_\phi \cos\theta). \end{cases}$$

となる．

(d) トルクは $N_{i'} = \{L_{i'}, V\}$ で，$V$ は $\theta$ のみの関数であることと式 (12.24) より

$$N_{x'} = \{L_{x'}, V\} = \sin\psi\{p_\theta, V\} = -\sin\psi \frac{\partial V}{\partial \theta}$$
$$= Mg\ell \sin\theta \sin\psi.$$

同様に

$$\{L_{y'}, V\} = Mg\ell \sin\theta \cos\psi \ , \ \{L_{z'}, V\} = 0.$$

よって，軸対称の仮定をおいたオイラー方程式は

$$\begin{cases} \dot{L}_{x'} = \frac{I - I_{z'}}{II_{z'}} L_{z'} L_{y'} + Mg\ell \sin\theta \sin\psi \ , \\ \dot{L}_{y'} = -\frac{I - I_{z'}}{II_{z'}} L_{z'} L_{x'} + Mg\ell \sin\theta \cos\psi \ , \\ \dot{L}_{z'} = 0. \end{cases}$$

(e) $\psi = \Omega_\psi t$ とおくと (c) の結果から

$$\dot{L}_{x'} = \Omega_\psi L_{y'},\ \dot{L}_{y'} = -\Omega_\psi L_{x'}$$

である．トルクの無いオイラー方程式と比較すると $\Omega_\psi$ は

$$\Omega_\psi = \frac{I - I_{z'}}{II_{z'}} L_{z'} = \frac{I - I_{z'}}{II_{z'}} p_\psi$$

と定まる．(c) の結果より $p_\psi = I_{z'}(\Omega_\psi + \Omega_\phi \cos\theta)$ が成り立つので，代入すると

$$\Omega_\psi = \frac{I - I_{z'}}{I} (\Omega_\psi + \Omega_\phi \cos\theta).$$

よって，$\Omega_\phi$ と $\Omega_\psi$ の間に関係式

$$\Omega_\psi = \frac{I - I_{z'}}{I_{z'}} \Omega_\phi \cos\theta$$

が成り立ち，$L_{i'} = I_{i'}\omega_{i'}$ より

$$\boldsymbol{\omega}' = \begin{pmatrix} -\Omega_\phi \sin\theta \cos\Omega_\psi t \\ \Omega_\phi \sin\theta \sin\Omega_\psi t \\ \frac{I}{I_{z'}} \Omega_\phi \cos\theta \end{pmatrix}$$

となる．

剛体系の角速度は，回転軸が剛体上をどのように動くかを表している．

## 例題 43 の発展問題

**43-1.** 例題 **43** (e) の場合の静止系の角運動量 $\boldsymbol{L}$ と $\boldsymbol{\omega}$ を求めよ．

**43-2.** 例題 **43** (e) において，重力がある場合の $\Omega_\phi$ と $\Omega_\psi$ の関係を求めよ．

重要度
★★★★★

# 13 ハミルトン・ヤコビの理論

ハミルトン・ヤコビの理論はラグランジュ形式，ハミルトン形式に続く3番目の運動の解法を与える．そこでは，運動方程式を直接解くのではなく正準変換の母関数を求める方程式を解くことになる．

## 《 内容のまとめ 》

ハミルトン・ヤコビ方程式

ハミルトニアン $H(q,p,t)$ が与えられたとき，正準運動量に

$$p_i = \frac{\partial S}{\partial q_i} \tag{13.1}$$

を代入して得られる $S(q,t)$ に関する偏微分方程式

$$\frac{\partial S}{\partial t} + H\left(q, \frac{\partial S}{\partial q}, t\right) = 0 \tag{13.2}$$

をハミルトン・ヤコビ方程式と呼ぶ．この方程式の一般解は完全解と呼ばれ，座標 $q_i$ と同じ数 $n$ 個の積分定数 $\alpha_i$ を持ち[1]，その解 $S(q,\alpha,t)$ はハミルトンの主関数と呼ばれる．

ハミルトンの主関数の積分定数 $\alpha_i$ を新しい正準座標の運動量と見なす正準変換を考える．つまり $\alpha_i = P_i$ とおくことによって母関数が $S = S(q,P,t)$ の正準変換 $(q_i,p_i) \to (Q_i,P_i)$ を考える．母関数がハミルトンの主関数であるよ

[1] $t$ と $q_i$ に関する $n+1$ 変数1階偏微分方程式なので，一般に $n+1$ 個の積分定数を持つ．しかし，方程式には $S$ の微分しか現れていないので，“$S+$定数” という自明なものを除くことができる．

うな正準変換は，すべての運動量 $P_i$ とその共役座標 $Q_i$ が運動の定数になる．新しい正準変数との関係は，タイプ 2 の公式 (10.4) から

$$Q_i = \frac{\partial S(q,P,t)}{\partial P_i}\ ,\ \ p_i = \frac{\partial S(q,P,t)}{\partial q_i} \tag{13.3}$$

で与えられる．この関係式を解くことによって変換

$$q_i = q_i(Q,P,t),\ \ p_i = p_i(Q,P,t) \tag{13.4}$$

が求まる．この正準変換によって得られる新しいハミルトニアンは

$$H'(Q,P) = \frac{\partial S}{\partial t} + H(q(Q,P),p(Q,P),t) \tag{13.5}$$

で与えられ，母関数 $S$ がハミルトン・ヤコビ方程式を満たすことから $H' = 0$ である．ハミルトニアンが 0 なので $Q_i$ と $P_i$ は，正準変換後の座標と共役運動量であると同時に，運動の定数である．定数の値は初期値が与えられれば式 (13.4) によって定まる．

### ハミルトンの特性関数

ハミルトニアンが時間を顕わに含まないときは，定数 $E$ と座標のみの関数 $W(q)$ を使って

$$S(q,t) = W(q) - Et \tag{13.6}$$

と変数分離することができる（例題 **44** 参照）．$W(q)$ はハミルトンの特性関数と呼ばれ

$$H\left(q, \frac{\partial W}{\partial q}\right) = E \tag{13.7}$$

を満たす．特性関数の完全解も一般に $n$ 個の積分定数 $\alpha_i$ を持ち，$W(q,\alpha)$ と書く．方程式 (13.7) に解を代入すると，積分定数 $\alpha_i$ の関数としてエネルギー $E(\alpha)$ を得る．

この段階で主関数に戻らずに特性関数 $W(q,\alpha)$ を母関数とする正準変換を考えると，変換後のハミルトニアンが積分定数のみで $H' = E(\alpha)$ と表されることになる．つまり，積分定数 $\alpha_i$ を変換後の運動量，その共役な座標を $\beta_i$ とすると，$W(q,\alpha)$ はすべての座標 $\beta_i$ が循環座標になるような正準変換

$(q,p) \to (\beta,\alpha)$ を与える．変換式は

$$\beta_i = \frac{\partial W(q,\alpha)}{\partial \alpha_i}\ ,\ p_i = \frac{\partial W(q,\alpha)}{\partial q_i} \tag{13.8}$$

で与えられ，変換後の座標 $\beta_i$ の時間依存性はハミルトン方程式

$$\dot{\beta}_i = \{\beta_i, H'\} = \frac{\partial E(\alpha)}{\partial \alpha_i} = \nu_i \tag{13.9}$$

になり，時間微分が定数 $\nu_i$ になる．この微分方程式の解は

$$\beta_i = \nu_i t + c_i \qquad (c_i\text{は定数}) \tag{13.10}$$

で与えられ，変換後の相空間 $(\beta,\alpha)$ では等速直線運動をすることがわかる．

### 積分定数の自由度

主関数または特性関数，いずれの場合にも完全解には $n$ 個の積分定数 $\alpha_i$ があり，それを変換後の正準共役運動量とする．このとき，運動量は一般に積分定数を指定できれば積分定数のどのような関数であってもよい．つまり，変換後の運動量を $P_i$ とすると $\alpha_i = f_i(P_1,\ldots,P_n)$ のようにおいてもよい．その例に，作用・角変数と呼ばれる正準座標の取り方がある．

### 作用・角変数

作用・角変数とは，互いに共役な正準座標である作用変数と角変数の組を意味し，系が周期運動をするときに有用な積分定数の取り方を与える．作用変数は周期運動をする変数を $q_i$ としたとき

$$J_i = \frac{1}{2\pi}\oint p_i dq_i = \frac{1}{2\pi}\oint \frac{\partial W}{\partial q_i} dq_i \tag{13.11}$$

で定義される．ただし，積分は周期運動の軌道に沿った周回積分である．特性関数 $W$ の完全解が $\alpha_i$ を積分定数として求まれば，$J_i$ は $\alpha_i$ の関数として書ける．特に，すべての変数について周期的であるならば，特性関数の積分定数 $\alpha_i$ は $J_i$ にとることができ，共役運動量を作用変数にとって $W(q,J)$ と書く．また，ハミルトン・ヤコビ方程式より，変換後のハミルトニアンも $J_i$ の関数 $H' = E(J)$ となる．

作用変数 $J_i$ に共役な座標を角変数と呼び $\phi_i$ と書く．その意味は，$\phi_i$ の軌道の変化に対する応答

$$\delta\phi_i = \delta q_i \frac{\partial}{\partial q_i}\frac{\partial W}{\partial J_i} \tag{13.12}$$

を考えることで，次のように理解される．$\phi_i$ を周期運動に関して周回積分すると

$$\begin{aligned}\oint \delta\phi_i &= \oint \delta q_i \frac{\partial}{\partial q_i}\frac{\partial W_i}{\partial J_i} \\ &= \frac{\partial}{\partial J_i}\oint \delta q_i \frac{\partial}{\partial q_i} W_i \\ &= \frac{\partial}{\partial J_i}\oint p_i \delta q_i = 2\pi\end{aligned}$$

となる．つまり，$\phi$ は周期運動の軌道を 1 周するごとに $2\pi$ 増加する角度を表す変数となる．また，$\phi_i$ の運動方程式は

$$\dot{\phi}_i = \{\phi_i, H'\} = \frac{\partial E(J)}{\partial J_i} = \omega_i \tag{13.13}$$

で $\omega_i$ は定数である．よって

$$\phi_i = \omega_i t + \phi_{0i} \tag{13.14}$$

となり，$\omega_i$ が周期運動の角速度，積分定数 $\phi_{0i}$ が初期位相を与える．

## 例題 44　変数分離

(a) ハミルトニアンが時間を顕わに含まないときには，ハミルトン・ヤコビ方程式 (13.2) が変数分離でき，主関数を式 (13.6) ととれることを示せ．

(b) 中心力ポテンシャル $V(r)$ がある場合，極座標 $(r, \theta, \phi)$ での特性関数のハミルトン・ヤコビ方程式を書き，$W(r,\theta,\phi) = W_r(r) + W_\theta(\theta) + W_\phi(\phi)$ として変数分離せよ．さらに，共役運動量 $p_r, p_\theta, p_\phi$ を座標と変数分離で導入する積分定数の関数として表せ．

### 考え方

ハミルトン・ヤコビ方程式は1階非線形偏微分方程式であり，主関数 $S$ または特性関数 $W$ の変数分離は一般に，解が変数の異なる関数の和になっているという仮定をおいて行う．方程式に代入し，それぞれ異なる独立変数による項の和がゼロになる形を得れば，それぞれの項が定数である必要があり，その定数を積分定数として分離することができる．変数分離は常に可能とは限らず，一般にはよい座標系を選ぶ必要がある．例題 (b) の中心力ポテンシャルの場合，極座標がよい座標系である．

### ‖解答‖

**ワンポイント解説**

(a) $S = W(q) + \tilde{S}(t)$ と，座標のみの関数 $W(q)$ と時間のみの関数 $\tilde{S}(t)$ の和に分解する．ハミルトン・ヤコビ方程式は，

$$H\left(q, \frac{\partial W}{\partial q}\right) = -\frac{\partial \tilde{S}(t)}{\partial t}$$

となる．左辺は座標のみ，右辺は時間のみの関数なので，この等式が成り立つためにはそれぞれ定数でなければならない．その定数を $E$ とすると，

$$H\left(q, \frac{\partial W}{\partial q}\right) = E\ ,\ \frac{\partial \tilde{S}(t)}{\partial t} = -E$$

のように変数分離できる．$\tilde{S}(t)$ の方程式を解くと

・この変数分離の定数は，エネルギーに相当するので $E$ と呼ぶ．

$$\tilde{S}(t) = -Et\ .$$

・定数項は物理的に意味がないので書いていない.

したがって，一般に

$$S(q,E) = W(q) - Et$$

と書け，式 (13.6) が示された.

(b) 極座標におけるハミルトニアンは，

$$H = \frac{1}{2m}\left(p_r^2 + \frac{1}{r^2}p_\theta^2 + \frac{1}{r^2\sin^2\theta}p_\phi^2\right) + V(r)$$

である．よって，特性関数のハミルトン・ヤコビ方程式は

$$\frac{1}{2m}\left(\left(\frac{\partial W}{\partial r}\right)^2 + \frac{1}{r^2}\left(\frac{\partial W}{\partial \theta}\right)^2 + \frac{1}{r^2\sin^2\theta}\left(\frac{\partial W}{\partial \phi}\right)^2\right) + V(r) = E\ .$$

この方程式は $W = W_r(r) + W_\theta(\theta) + W_\phi(\phi)$ とおくことで変数分離ができる．代入して整理すると

$$\left(\frac{\partial W_\theta}{\partial \theta}\right)^2 + \frac{1}{\sin^2\theta}\left(\frac{\partial W_\phi}{\partial \phi}\right)^2 = 2mr^2(E - V(r)) - r^2\left(\frac{\partial W_r}{\partial r}\right)^2\ .$$

・両辺に $2mr^2$ を掛けて $r$ による項を右辺に集めた.

左辺が $\theta, \phi$，右辺が $r$ の関数なので，それぞれ定数であり，それを $\alpha_\theta^2$ とおくと次の方程式の組を得る：

$$\left(\frac{\partial W_\theta}{\partial \theta}\right)^2 + \frac{1}{\sin^2\theta}\left(\frac{\partial W_\phi}{\partial \phi}\right)^2 = \alpha_\theta^2\ ,$$

$$-r^2\left(\frac{\partial W_r}{\partial r}\right)^2 + 2mr^2(E - V) = \alpha_\theta^2\ .$$

・$\theta$，$\phi$ の方程式は 2 乗の和になっているので正定数 $\alpha_\theta^2 > 0$ としてよい.

$\theta, \phi$ の方程式も同様に変数分離でき

・$\sin^2\theta$ を両辺に掛けて，$\theta$ のみの項と $\phi$ の項に分ける.

$$\frac{\partial W_\phi}{\partial \phi} = \alpha_\phi \ ,$$

$$-\sin^2\theta\left(\frac{\partial W_\theta}{\partial \theta}\right)^2 + \alpha_\theta^2 \sin^2\theta = \alpha_\phi^2$$

を得る．ただし，$\alpha_\phi$ は定数である．よって，

$$\begin{cases} p_\phi = \frac{\partial W_\phi}{\partial \phi} = \alpha_\phi, \\ p_\theta = \frac{\partial W_\theta}{\partial \theta} = \sqrt{\alpha_\theta^2 - \frac{\alpha_\phi^2}{\sin^2\theta}}, \\ p_r = \frac{\partial W_r}{\partial r} = \sqrt{2m(E-V) - \frac{\alpha_\theta^2}{r^2}} \end{cases}$$

を得る．

## 例題 44 の発展問題

**44-1.** 3 次元円筒座標 $(\rho, \phi, z)$ でポテンシャルを $V(\rho)$ として，主関数に関するハミルトン・ヤコビ方程式を書き，変数分離せよ．

## 例題 45　主関数の完全解

(a) 質量 $m$ の 1 次元自由粒子のハミルトン・ヤコビ方程式 (13.2) の完全解を求めよ．

(b) (a) で求めた主関数から，自由粒子が等速度運動することを示せ．

---

### 考え方

1 次元自由粒子のハミルトン・ヤコビ方程式は，自由粒子のハミルトニアン $H(q,p)=\frac{1}{2m}p^2$ の運動量に式 (13.1) を代入して得られる偏微分方程式

$$\frac{\partial S}{\partial t}+\frac{1}{2m}\left(\frac{\partial S}{\partial q}\right)^2=0$$

である．標準的な解き方は，変数分離し，それぞれの変数に関する常微分方程式の問題に帰着させる．

### ‖解答‖

(a) ハミルトンの主関数を

$$S(q,t)=W_q(q)-Et$$

とする．$W_q(q)$ は

$$H\left(q,\frac{\partial W_q}{\partial q}\right)=\frac{1}{2m}\left(\frac{\partial W_q}{\partial q}\right)^2=E$$

を満たす．これは，$\frac{\partial W_q}{\partial q}$ が定数であることを意味するので，その定数を $\alpha$ とすると

$$\frac{\partial W_q(q)}{\partial q}=\alpha\ .$$

ただし，$E=\frac{\alpha^2}{2m}$ である．積分すると

$$W_q(q)=\alpha q$$

であり，主関数は

$$S(q,\alpha)=\alpha q-\frac{\alpha^2}{2m}t$$

**ワンポイント解説**

・ハミルトニアンが時間を顕わに含まないので，このように変数分離する．$W_q$ は $q$ のみの関数である．

・この段階で積分定数が導入される．この定数を変換後の正準共役運動量にとることができる．

である．

(b) 積分定数 $\alpha$ を変換後の運動量と考え (a) の $S(q,\alpha)$ に $\alpha = P$ を代入して $S(q,P)$ による正準変換を求める．変換後の正準座標は

$$Q = \frac{\partial S(q,P)}{\partial P} = q - \frac{P}{m}t\ .$$

一方，

$$p = \frac{\partial S(q,P)}{\partial q} = P$$

なので，$S(q,P)$ の与える正準変換は

$$q = \frac{P}{m}t - Q\ ,\quad p = P$$

である．新しい正準座標 $(Q,P)$ は定数なので，これは，速度 $\dot{q} = \frac{P}{m}$ の等速度運動を表している．

・この例題では自明なステップだが，積分定数 $\alpha$ と変換後の運動量 $P$ の関係には自由度がある．

・$Q,P$ の値は初期条件で決まる．

## 例題 45 の発展問題

**45-1.** 質量 $m$ の粒子に関する自由落下の問題のハミルトン・ヤコビ方程式を解き，主関数を求めよ．ただし，垂直方向の運動のみ考え，座標を $z$ として上向きを正とする．また重力加速度を $g$ とする．

**45-2.** 前問で求めた主関数を使って自由落下問題の解を求めよ．ただし，$t = 0$ で高さを $z(0) = h$，初速を $\dot{z}(0) = 0$ とする．

## 例題 46　ハミルトンの特性関数

質量 $m$，角振動数が $\omega$ の 1 次元調和振動子の解を特性関数 $W$ に関するハミルトン・ヤコビ方程式 (13.7) を解くことによって求める．正準座標を $(q,p)$ として次の問いに答えよ．

(a) 特性関数 $W(q,E)$ を求めよ．

(b) 変換後の正準変数を $Q,P$ とする．ただし，変換後の共役運動量は積分定数 $E$ を使って $P=\omega^{-1}E$ と定義する．調和振動子の解 $q(t),p(t)$ を求めよ．

### 考え方

ハミルトン・ヤコビ方程式を解く場合，一般に主関数 $S$ または特性関数 $W$ そのものを求める積分を実行する必要はなく，変換式 (13.3) または式 (13.8) の右辺に現れる $S$ または $W$ の微分が求まればよい．しかし，ここでは，$W$ そのものを求める．発展問題では求めた特性関数をルジャンドル変換することで，例題 **34** で用いた正準変換の母関数が得られることを見る．

### ‖解答‖

(a) 特性関数 $W(q)$ に関するハミルトン・ヤコビ方程式は

$$H\left(q,\frac{\partial W}{\partial q}\right)=\frac{1}{2m}\left(\frac{\partial W(q)}{\partial q}\right)^2+\frac{1}{2}m\omega^2q^2=E$$

である．この式を $\frac{\partial W(q)}{\partial q}$ について解くと

$$\frac{\partial W}{\partial q}=\sqrt{2mE-m^2\omega^2q^2}\ .$$

今，$W$ の変数は $q$ のみなので，単に積分すれば

$$W=\int dq\sqrt{2mE-m^2\omega^2q^2}$$

を得る．この積分は

$$q=\sqrt{\frac{2E}{m\omega^2}}\sin\zeta$$

**ワンポイント解説**

・積分のヤコビアンは

$$dq=d\zeta\sqrt{\frac{2E}{m\omega^2}}\cos\zeta$$

である．

とおくと，被積分関数は

$$\sqrt{2mE(1-\sin^2\zeta)} = \sqrt{2mE}\cos\zeta$$

なので，代入すると

$$W = \int d\zeta \left(\sqrt{\frac{2E}{m\omega^2}}\cos\zeta\right)\sqrt{2mE}\cos\zeta$$
$$= \frac{E}{\omega}\int d\zeta(1+\cos 2\zeta) = \frac{E}{\omega}\left(\zeta + \frac{1}{2}\sin 2\zeta\right)$$

$\zeta$ を $q$ で表すと

$$W(q,E) = \frac{E}{\omega}\arcsin\left(\sqrt{\frac{m\omega^2}{2E}}q\right) + \frac{1}{2}q\sqrt{2mE - m^2\omega^2 q^2}$$

を得る．

(b) 変換後の運動量を $P = \omega^{-1}E$ にとると，ハミルトニアンは $H' = \omega P$ であり，特性関数は

$$W(q,P) = P\arcsin\left(\sqrt{\frac{m\omega}{2P}}q\right) + \frac{1}{2}q\sqrt{2m\omega P - m^2\omega^2 q^2}.$$

$W(q,P)$ を母関数とする正準変換 $(q,p) \to (Q,P)$ は，変換式

$$\begin{cases} Q = \frac{\partial W}{\partial P} = \arcsin(\sqrt{\frac{m\omega}{2P}}q)\ , \\ p = \frac{\partial W}{\partial q} = \sqrt{2m\omega P}\cos Q \end{cases}$$

を与える．ただし，

$$\frac{\partial}{\partial P}P\arcsin\left(\sqrt{\frac{c}{P}}q\right) = \arcsin\left(q\sqrt{\frac{c}{P}}\right) - \frac{1}{2}q\sqrt{\frac{c}{P}}\frac{1}{\sqrt{1-\frac{c}{P}q^2}}$$

を使った．変換後の正準方程式は

・このような運動量の取り方の意味は，例題 **47** で明らかになる．

・公式

$$\frac{\partial \arcsin aq}{\partial q} = \frac{a}{\sqrt{1-a^2q^2}}$$

を使う．

$$\dot{Q}=\frac{\partial H'}{\partial P}=\omega\ ,\quad \dot{P}=-\frac{\partial H'}{\partial Q}=0$$

なので，$Q,P$ の時間依存性は

$$Q=\omega t+Q_0\ ,\quad P=P_0.$$

ただし，$Q_0,P_0$ は初期値で定まる定数である．この解を正準変換の式に代入し，$q,p$ について解くと，次の調和振動子の解を得る．

$$\begin{cases} q(t)=\sqrt{\frac{2P_0}{m\omega}}\sin(\omega t+Q_0)\ , \\ p(t)=\sqrt{2m\omega P_0}\cos(\omega t+Q_0)\ . \end{cases}$$

## 例題 46 の発展問題

**46-1.** 例題の $W(q,P)$ をタイプ 1 の母関数 $W_1(q,Q)$ にルジャンドル変換すると，例題 **34** の母関数になることを示せ．

**46-2.** 3 次元自由粒子のハミルトンの特性関数 $W(q_1,q_2,q_3)$ を使った方法で考える．ただし，$q_i$ はデカルト座標とする．以下の問いに答えよ．

(a) 特性関数 $W$ に関するハミルトン・ヤコビ方程式を書け．

(b) $q_i$ のみの関数を $W_i$ として変数分離し，完全解を求めよ．

## 例題 47　作用用変数と角変数

ハミルトニアンが

$$H = \frac{p^2}{2m} + \frac{1}{2}m\omega^2 q^2$$

の 1 次元調和振動子の作用変数と角変数 $(J, \phi)$ による正準方程式を書け.

---

### 考え方

全エネルギー $E$ の 1 次元調和振動子の相空間での軌道は，図 13.1 のような楕円形になる．振り子の振動運動は，この楕円上を時計方向に回る点 A の周期運動として記述される．式 (13.11) に現れる周回積分は，ストークスの定理を使えば一般に軌道で囲まれる領域の面積を与えるので，作用変数は領域の面積を $2\pi$ で割ったものになる．楕円の場合は面積の公式から

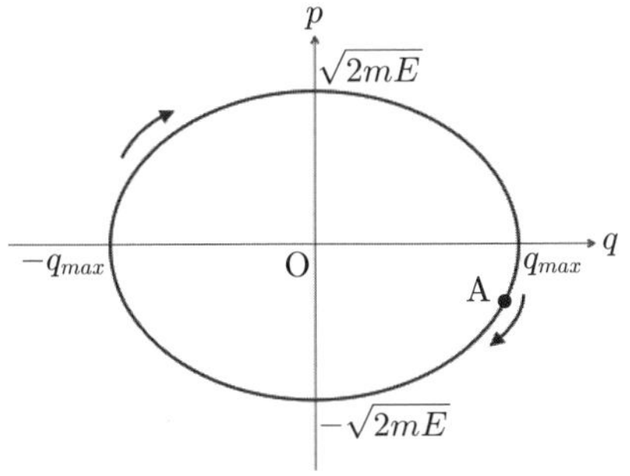


図 13.1

$$J = \frac{1}{2\pi}(\pi\sqrt{2mE}q_{max}) = \frac{E}{\omega}$$

となり，例題 **46** の変換後の共役運動量 $P$ が作用変数 $J$ であることがわかる．解答では一般の場合への応用も考え，実際に積分を実行する．

### ‖解答‖

**ワンポイント解説**

例題 **46** の調和振動子の特性関数に関するハミルトン・ヤコビ方程式より

$$p = \frac{\partial W(q,E)}{\partial q} = \pm\sqrt{2mE}\sqrt{1 - \frac{q^2}{q_{max}^2}}$$

を得る．ただし，$q_{max} = \sqrt{\frac{2E}{m\omega^2}}$．作用変数 $J$ は

$$J = \frac{1}{2\pi}\oint pdq = \frac{1}{2\pi}\left(\int_{-q_{max}}^{q_{max}} pdq + \int_{q_{max}}^{-q_{max}} pdq\right)$$

と書けるが，$p$ の符号を考慮すると，

・$q$ が減少するとき，つまり $q_{max}$ から $-q_{max}$ に運動するとき，運動量は負になるので $p = -\sqrt{2mE}\sqrt{1 - \frac{q^2}{q_{max}^2}}$ ととる．

$$J = 2 \times \frac{\sqrt{2mE}}{2\pi}\int_{-q_{max}}^{q_{max}}\sqrt{1 - \frac{q^2}{q_{max}^2}}dq$$

が $J$ の積分表示である．この積分は $q = q_{max}\sin\zeta$ と変数変換すれば

$$J = \frac{\sqrt{2mE}q_{max}}{\pi}\int_{-\frac{\pi}{2}}^{\frac{\pi}{2}}\cos^2\zeta d\zeta = \frac{\sqrt{2mE}q_{max}}{\pi}\frac{\pi}{2}$$

となり，作用変数は

$$J = \frac{E}{\omega}$$

で与えられる．

$J$ を正準変換後の運動量にとると，ハミルトニアンは

$$H' = \omega J$$

で与えられる．角変数を $\phi$ とすると，正準方程式は

$$\dot{\phi} = \frac{\partial H'}{\partial J} = \omega\ ,\quad \dot{J} = \frac{\partial H'}{\partial \phi} = 0$$

である．よって，周期運動の角速度は $\omega$ である．

・角変数は作用変数 $J$ の共役座標である．

## 例題 48　ケプラー問題と作用・角変数

ケプラー問題の作用・角変数に関して以下の問いに答えよ．ただし，ポテンシャルを $V(r) = -\frac{k}{r}$ とする．

(a) ハミルトン・ヤコビ方程式を例題 **44** に従って変数分離する．変数分離に現れる $\alpha_r, \alpha_\theta, \alpha_\phi$ と作用変数の関係を求めよ．ただし，それぞれ $p_r, p_\theta, p_\phi$ に関する周回積分で定義された作用変数を $J_r, J_\theta, J_\phi$ とし，また次の定積分の公式を使ってよい．

$$\begin{cases} \int_{\theta_0}^{\frac{\pi}{2}} \frac{1}{\sin\theta}\sqrt{\sin^2\theta - \lambda^2}d\theta = \frac{\pi}{2}(1-\lambda) \quad (\sin\theta_0 = \lambda), \\ \int_a^b \frac{\sqrt{(x-a)(b-x)}}{x}dx = \frac{\pi}{2}(a+b-2\sqrt{ab}). \end{cases}$$

(b) 変換後のハミルトニアンを求めよ．また，周期とエネルギーの関係を求めよ．

### 考え方

ケプラー問題の完全解を求めることは，軌道の時間依存性を求めることであり，かなり複雑な計算が必要となる．例題では，作用・角変数を使うと軌道の周期とエネルギーに関する情報を得ることができることを見る．

### 解答

(a) ケプラー問題の極座標のハミルトニアンは例題 **44** のポテンシャルに $V(r) = \frac{-k}{r}$ を代入した

$$H = \frac{1}{2m}\left(p_r^2 + \frac{1}{r^2}\left(p_\theta^2 + \frac{1}{\sin^2\theta}p_\phi^2\right)\right) - \frac{k}{r}$$

である．さらに，特性関数に関するハミルトン・ヤコビ方程式を $W = W_r(r) + W_\theta(\theta) + W_\phi(\phi)$ とおくことで変数分離すると

$$\begin{cases} p_\phi = \frac{\partial W_\phi}{\partial \phi} = \alpha_\phi \ , \\ p_\theta = \frac{\partial W_\theta}{\partial \theta} = \sqrt{\alpha_\theta^2 - \frac{\alpha_\phi^2}{\sin^2\theta}} \ , \\ p_r = \frac{\partial W_r}{\partial r} = \frac{1}{r}\sqrt{2mEr^2 + 2mkr - \alpha_\theta^2} \end{cases}$$

**ワンポイント解説**

を得る．$p_\phi$ が定数なので $J_\phi$ は，作用変数の公式に従って

$$J_\phi = \frac{1}{2\pi}\oint p_\phi d\phi = \alpha_\phi \ .$$

・$p_\phi = \alpha_\phi$ で定数なので周回積分すると $2\pi$ が掛かるだけ．

$J_\theta$ は，$p_\theta$ の周回積分として

$$\begin{aligned} J_\theta &= \frac{1}{2\pi}\oint \sqrt{\alpha_\theta^2 - \frac{\alpha_\phi^2}{\sin^2\theta}} d\theta \\ &= \frac{\alpha_\theta}{2\pi}\oint \frac{1}{\sin\theta}\sqrt{\sin^2\theta - \lambda^2} d\theta. \end{aligned}$$

ただし，$\lambda = \frac{\alpha_\phi}{\alpha_\theta}$ である．運動は $\sqrt{\ }$ の中が正になる区間で振動する．よって積分区間は，$\sin\theta_0 = \lambda$ とすると $\theta_0 < \theta < \pi - \theta_0$ の往復である．さらに，$\theta = \frac{\pi}{2}$ で対称であることを考慮して

$$\begin{aligned} J_\theta &= 4\frac{\alpha_\theta}{2\pi}\int_{\theta_0}^{\frac{\pi}{2}} \frac{1}{\sin\theta}\sqrt{\sin^2\theta - \lambda^2} d\theta \\ &= \frac{4\alpha_\theta}{2\pi}\frac{\pi}{2}(1-\lambda) = \alpha_\theta - \alpha_\phi. \end{aligned}$$

ただし，最後の積分は定積分の公式を使った．$J_r$ は

$$\begin{aligned} J_r &= \frac{1}{2\pi}\oint \frac{\partial W_r}{\partial r} dr \\ &= \frac{1}{2\pi}\oint \frac{dr}{r}\sqrt{2mEr^2 + 2mkr - \alpha_\theta^2} \\ &= \frac{1}{\pi}\sqrt{-2mE}\int_{r_1}^{r_2} \frac{dr}{r}\sqrt{(r_2 - r)(r - r_1)}. \end{aligned}$$

ただし，$r_1 + r_2 = -\frac{k}{E}, r_1 r_2 = -\frac{\alpha_\theta^2}{2mE}$ である．ここで，積分公式を使うと

$$\begin{aligned} J_r &= \sqrt{-2mE}\left(\frac{r_1 + r_2}{2} - \sqrt{r_1 r_2}\right) \\ &= \frac{mk}{\sqrt{-2mE}} - \alpha_\theta \end{aligned}$$

となる．よって

$$\begin{cases} J_\phi = \alpha_\phi \ , \\ J_\theta = \alpha_\theta - \alpha_\phi \ , \\ J_r = \frac{mk}{\sqrt{-2mE}} - \alpha_\theta \ . \end{cases}$$

(b) 最後の式を $E$ について解くことによって変換後の作用変数によるハミルトニアン

$$H' = -\frac{mk^2}{2(J_r + J_\theta + J_\phi)^2}$$

を得る．さらに，周期運動の周期はいずれの座標も同じで，例えば $\phi$ の運動方程式から角速度が

$$\dot{\phi} = \frac{\partial H'}{\partial J_\phi} = \frac{mk^2}{(J_r + J_\theta + J_\phi)^3} = \omega = \frac{2\pi}{T}.$$

よって

$$T = 2\pi k \sqrt{\frac{m}{(-2E)^3}}$$

である．

# 発展問題の解

## 1 章の発展問題

**1-1.** 円柱座標は 2 次元の結果に $z$ 方向を加えるだけなので，例題の結果を使えば基底 (1.9) の時間微分

$$\dot{\boldsymbol{e}}_\rho = \dot{\phi}\boldsymbol{e}_\phi \ , \ \dot{\boldsymbol{e}}_\phi = -\dot{\phi}\boldsymbol{e}_\rho \ , \ \dot{\boldsymbol{e}}_z = 0$$

を得る．座標ベクトルは $\boldsymbol{r} = \rho\boldsymbol{e}_\rho + z\boldsymbol{e}_z$ と表せるので，速度と加速度はそれぞれ

$$\dot{\boldsymbol{r}} = \dot{\rho}\boldsymbol{e}_\rho + \rho\dot{\phi}\boldsymbol{e}_\phi + \dot{z}\boldsymbol{e}_z \ , \ \ddot{\boldsymbol{r}} = (\ddot{\rho} - \rho\dot{\phi}^2)\boldsymbol{e}_\rho + (2\dot{\rho}\dot{\phi} + \rho\ddot{\phi})\boldsymbol{e}_\phi + \ddot{z}\boldsymbol{e}_z.$$

一方，$\nabla$ は例題の結果に $z$ 方向の微分を加えればよいので，ポテンシャルの勾配は

$$\nabla V = \boldsymbol{e}_\rho \frac{\partial V}{\partial \rho} + \boldsymbol{e}_\phi \frac{\partial V}{\rho \partial \phi} + \boldsymbol{e}_z \frac{\partial V}{\partial z}$$

である．加速度と力をニュートン方程式に代入して，それぞれの方向の基底の係数がゼロになることから，式 (1.5) を得る．

**1-2.** 極座標の基底 (1.10) の時間微分を極座標の基底で表すと

$$\begin{cases} \dot{\boldsymbol{e}}_r = & \dot{\theta}\boldsymbol{e}_\theta + \dot{\phi}\sin\theta\boldsymbol{e}_\phi \ , \\ \dot{\boldsymbol{e}}_\theta = & -\dot{\theta}\boldsymbol{e}_r + \dot{\phi}\cos\theta\boldsymbol{e}_\phi \ , \\ \dot{\boldsymbol{e}}_\phi = & -\dot{\phi}\sin\theta\boldsymbol{e}_r - \dot{\phi}\cos\theta\boldsymbol{e}_\theta. \end{cases}$$

これらの式を使うと位置ベクトル $\boldsymbol{r}$ と速度ベクトルは

$$\boldsymbol{r} = r\boldsymbol{e}_r \ ,$$

$$\dot{\boldsymbol{r}} = \dot{r}\boldsymbol{e}_r + r\dot{\theta}\boldsymbol{e}_\theta + r\dot{\phi}\sin\theta\boldsymbol{e}_\phi$$

であることがわかる．加速度ベクトル $\ddot{\boldsymbol{r}}$ は，さらに基底の微分を使って速度ベクトルを微分すると

$$\begin{aligned}\ddot{\boldsymbol{r}} &= \ddot{r}\boldsymbol{e}_r + \dot{r}\dot{\boldsymbol{e}}_r + (\dot{r}\dot{\theta} + r\ddot{\theta})\boldsymbol{e}_\theta + r\dot{\theta}\dot{\boldsymbol{e}}_\theta \\ &\qquad + (\dot{r}\dot{\phi}\sin\theta + r\ddot{\phi}\sin\theta + r\dot{\phi}\dot{\theta}\cos\theta)\boldsymbol{e}_\phi + r\dot{\phi}\sin\theta\dot{\boldsymbol{e}}_\phi \\ &= (\ddot{r} - r\dot{\theta}^2 - r\dot{\phi}^2\sin^2\theta)\boldsymbol{e}_r + (2\dot{r}\dot{\theta} + r\ddot{\theta} - r\dot{\phi}^2\sin\theta\cos\theta)\boldsymbol{e}_\theta \\ &\qquad + (2\dot{r}\dot{\phi}\sin\theta + r\ddot{\phi}\sin\theta + 2r\dot{\phi}\dot{\theta}\cos\theta)\boldsymbol{e}_\phi\end{aligned}$$

となる．ポテンシャルから力のベクトルを求めるには，ナブラ $\nabla$ の極座標表示が必要である．これは例題 **1** (b) と同様に計算することができ

$$\nabla = \boldsymbol{e}_r\frac{\partial}{\partial r} + \boldsymbol{e}_\theta\frac{\partial}{r\partial\theta} + \boldsymbol{e}_\phi\frac{\partial}{r\sin\theta\partial\phi}$$

と書ける．以上の結果を使って運動方程式

$$m\ddot{\boldsymbol{r}} = -\nabla V$$

を極座標で書くと

$$\begin{aligned}&m(\ddot{r} - r\dot{\theta}^2 - r\dot{\phi}^2\sin^2\theta)\boldsymbol{e}_r + m(2\dot{r}\dot{\theta} + r\ddot{\theta} - r\dot{\phi}^2\sin\theta\cos\theta)\boldsymbol{e}_\theta \\ &\qquad + m(2\dot{r}\dot{\phi}\sin\theta + r\ddot{\phi}\sin\theta + 2r\dot{\phi}\dot{\theta}\cos\theta)\boldsymbol{e}_\phi \\ &= -\boldsymbol{e}_r\frac{\partial V}{\partial r} - \boldsymbol{e}_\theta\frac{\partial V}{r\partial\theta} - \boldsymbol{e}_\phi\frac{\partial V}{r\sin\theta\partial\phi}\end{aligned}$$

となる．それぞれの基底は独立なので両辺のベクトルの各成分が，運動方程式 (1.7) を与える．

**1-3.** 極座標の外積はデカルト座標での成分ベクトル (1.10) の外積を計算すればよい．

$$\boldsymbol{e}_\theta \times \boldsymbol{e}_\phi = \begin{pmatrix} \sin\theta\cos\phi \\ \sin\theta\sin\phi \\ \cos\theta\cos^2\phi + \cos\theta\sin^2\phi \end{pmatrix} = \boldsymbol{e}_r.$$

同様に

$$\boldsymbol{e}_r \times \boldsymbol{e}_\theta = \begin{pmatrix} -\sin^2\theta\sin\phi - \cos^2\theta\sin\phi, \\ \cos^2\theta\cos\phi + \sin^2\theta\cos\phi \\ 0 \end{pmatrix} = \boldsymbol{e}_\phi,$$

$$\boldsymbol{e}_\phi \times \boldsymbol{e}_r = \begin{pmatrix} \cos\phi\cos\theta \\ \sin\phi\cos\theta \\ -\sin\theta\sin^2\phi - \sin\theta\cos^2\phi \end{pmatrix} = \boldsymbol{e}_\theta.$$

**2 章の発展問題**

**2-1.** (a) ポテンシャルは $V = mgz$ であり，ラグランジアンは

$$L = \frac{1}{2}m\dot{z}^2 - mgz\ .$$

ラグランジュ方程式は

$$m\ddot{z} = -mg.$$

よって，運動は等加速度運動であり

$$z(t) = -\frac{1}{2}gt^2 + v_0 t + x_0.$$

ただし，$v_0$, $x_0$ はそれぞれ初速と初期位置である．

(b) ラグランジアンは，ばねの伸びが $|z+\ell|$ なので

$$L = \frac{1}{2}m\dot{z}^2 - mgz - \frac{1}{2}k(z+\ell)^2.$$

ラグランジュ方程式は

$$m\ddot{z} = -mg - k(z+\ell)$$

となる．力のつり合い点は，$z_0 = -\ell - \frac{mg}{k}$. よって，$\xi = z - z_0$ とすると，ラグランジュ方程式は

$$m\ddot{\xi} = -k\xi.$$

これは，角速度 $\omega = \sqrt{\frac{k}{m}}$ の単振動の方程式である．よって，おもりは中心座標が $z = -\ell - \frac{mg}{k}$，角速度が $\sqrt{\frac{k}{m}}$ の単振動をする．

**3-1.** ラグランジアンを変数 $\theta$ の 2 次の次数まで残せばよい．そこで展開 $\cos\theta = 1 - \frac{1}{2}\theta^2 + \cdots$ を使って

$$
\begin{aligned}
L &= \frac{1}{2}ml^2\dot{\theta}^2 - mgl\left(1-\left(1-\frac{1}{2}\theta^2\right)\right) \\
&= \frac{1}{2}ml^2\dot{\theta}^2 - mgl\frac{1}{2}\theta^2
\end{aligned}
$$

である．このラグランジアンから得られるラグランジュ方程式は

$$\ddot{\theta} = -\omega^2\theta$$

であり，調和振動子の方程式に一致する．

**5-1.** (a) デカルト座標を図 2.3 のようにとると，極座標との関係は

$$x = R\sin\theta\cos\phi\ ,\ y = R\sin\theta\sin\phi\ ,\ z = R - R\cos\theta$$

である．速度ベクトルは

$$\dot{\boldsymbol{r}} = \begin{pmatrix} \dot{x} \\ \dot{y} \\ \dot{z} \end{pmatrix} = \begin{pmatrix} R\cos\theta\cos\phi\dot{\theta} - R\sin\theta\sin\phi\dot{\phi} \\ R\cos\theta\sin\phi\dot{\theta} + R\sin\theta\cos\phi\dot{\phi} \\ R\sin\theta\dot{\theta} \end{pmatrix}.$$

よって運動エネルギーは

$$T = \frac{1}{2}m\dot{\boldsymbol{r}}\cdot\dot{\boldsymbol{r}} = \frac{1}{2}mR^2(\dot{\theta}^2 + \dot{\phi}^2\sin^2\theta).$$

ポテンシャルエネルギーは高さのみによるので

$$V = mgz = mgR(1-\cos\theta).$$

よってラグランジアンは

$$L = \frac{1}{2}mR^2(\dot{\theta}^2 + \dot{\phi}^2\sin^2\theta) - mgR(1-\cos\theta).$$

運動方程式は

$$\frac{d}{dt}\frac{\partial L}{\partial\dot{\theta}} = mR^2\ddot{\theta} = \frac{\partial L}{\partial\theta} = mR^2\sin\theta\cos\theta\dot{\phi}^2 - mgR\sin\theta,$$

$$\frac{d}{dt}\frac{\partial L}{\partial\dot{\phi}} = mR^2\frac{d}{dt}(\sin^2\theta\dot{\phi}) = mR^2(2\sin\theta\cos\theta\dot{\theta}\dot{\phi} + \sin^2\theta\ddot{\phi}) = \frac{\partial L}{\partial\phi} = 0.$$

まとめると

$$\ddot{\theta} = \sin\theta\cos\theta\dot{\phi}^2 - \frac{g}{R}\sin\theta\ ,\ \ddot{\phi} = -2\cot\theta\dot{\theta}\dot{\phi}$$

となる．

(b) $\theta$ が一定の場合，運動方程式は

$$0 = \sin\theta\cos\theta\dot{\phi}^2 - \frac{g}{R}\sin\theta \ , \quad \ddot{\phi} = 0$$

となる．$\theta \neq 0$ とすると，$\dot{\phi} = 0$ が運動方程式の解になる．$\dot{\phi}$ について解くと

$$\dot{\phi} = \sqrt{\frac{g}{R\cos\theta}}$$

なので，この運動は原点を中心とした角速度 $\sqrt{\frac{g}{R\cos\theta}}$，半径 $R\sin\theta$ の円運動である．

(c) ラグランジアンは $\theta$ の 2 次までを残せばよいので

$$L = \frac{1}{2}mR^2(\dot{\theta}^2 + \theta^2\dot{\phi}^2) - \frac{1}{2}mgR\theta^2.$$

運動方程式は

$$mR^2\ddot{\theta} = (mR^2\dot{\phi}^2 - mgR)\theta,$$
$$mR^2\frac{d}{dt}(\theta^2\dot{\phi}) = mR^2(\theta^2\ddot{\phi} + 2\dot{\theta}\dot{\phi}\theta) = 0. \qquad (13\text{-}1)$$

$\dot{\phi} = 0$ は 2 番目の方程式を満たし，1 番目の方程式は

$$\ddot{\theta} = -\frac{g}{R}\theta$$

を満たせばよい．これは，単振動の方程式である．よってこの解は，原点を通る直線上で角速度 $\sqrt{\frac{g}{R}}$ の単振動をするおもりの運動を表す．

## 3 章の発展問題

**6-1.** (a) ポテンシャルエネルギーは，平衡点からのずれの差がばねの伸びなので，

$$V = \frac{1}{2}k\Big(x_1^2 + (x_1 - x_2)^2 + (x_2 - x_3)^2 + x_3^2\Big).$$

力はそれぞれの変数で微分すれば

$$\begin{cases} F_1 = -\frac{\partial V}{\partial x_1} = -k(2x_1 - x_2) \ , \\ F_2 = -\frac{\partial V}{\partial x_2} = -k(-x_1 + 2x_2 - x_3) \ , \\ F_3 = -\frac{\partial V}{\partial x_3} = -k(2x_3 - x_2) \end{cases}$$

となる.

(b) 運動エネルギーは

$$T = \frac{1}{2}m(\dot{x}_1^2 + \dot{x}_2^2 + \dot{x}_3^2)$$

なので，ラグランジアンは

$$\begin{aligned} L &= \tfrac{1}{2}m(\dot{x}_1^2 + \dot{x}_2^2 + \dot{x}_3^2) \\ &\quad - \tfrac{1}{2}k\left(x_1^2 + (x_1 - x_2)^2 + (x_2 - x_3)^2 + x_3^2\right) \ . \end{aligned}$$

運動方程式は

$$\begin{cases} m\ddot{x}_1 = -2kx_1 + kx_2 \ , \\ m\ddot{x}_2 = kx_1 - 2kx_2 + kx_3 \ , \\ m\ddot{x}_3 = kx_2 - 2kx_3 \ . \end{cases}$$

(c) 固有モードでは，すべてのおもりが同じ振動数で振動するので，その角速度を $\omega$ とすると

$$x_i = A_i \cos\omega t \ .$$

ただし，$A_i$ はそれぞれの振幅である．運動方程式に代入すると，

$$\begin{aligned} -\lambda A_1 \cos\omega t &= (-2A_1 + A_2)\cos\omega t \ , \\ -\lambda A_2 \cos\omega t &= (A_1 - 2A_2 + A_3)\cos\omega t \ , \\ -\lambda A_3 \cos\omega t &= (A_2 - 2A_3)\cos\omega t \ . \end{aligned}$$

ただし，$\lambda = \frac{m\omega^2}{k}$ とおいた．共通の関数 $\cos\omega t$ を落として得られる $A_i$ の方程式を行列の形に書くと

$$\begin{pmatrix} -2 & 1 & 0 \\ 1 & -2 & 1 \\ 0 & 1 & -2 \end{pmatrix}\begin{pmatrix} A_1 \\ A_2 \\ A_3 \end{pmatrix} = -\lambda\begin{pmatrix} A_1 \\ A_2 \\ A_3 \end{pmatrix}$$

と $\lambda$ に関する固有値問題になる．固有値は

$$\lambda = 2,\ 2 \pm \sqrt{2} \ .$$

それぞれの固有値に属する固有ベクトルは，

1. $\lambda = 2$, つまり $\omega = \omega_0 = \sqrt{\frac{2k}{m}}$ の場合, 任意定数 $a_0$ を使って

$$\begin{pmatrix} A_1 \\ A_2 \\ A_3 \end{pmatrix} = a_0 \begin{pmatrix} 1 \\ 0 \\ -1 \end{pmatrix}.$$

2. $\lambda = 2 \pm \sqrt{2}$, つまり $\omega = \omega_\pm = \sqrt{\frac{(2\pm\sqrt{2})k}{m}}$ の場合, 任意定数 $a_\pm$ を使って

$$\begin{pmatrix} A_1 \\ A_2 \\ A_3 \end{pmatrix} = a_\pm \begin{pmatrix} 1 \\ \mp\sqrt{2} \\ 1 \end{pmatrix}.$$

ただし, 上の式では複合同順である.

よって一般の振動は, 6 個の定数 $a_0, a_\pm, \alpha_0, \alpha_\pm$ を使って

$$\begin{pmatrix} x_1 \\ x_2 \\ x_3 \end{pmatrix} = a_0 \begin{pmatrix} 1 \\ 0 \\ -1 \end{pmatrix} \cos\omega_0(t+\alpha_0) + a_+ \begin{pmatrix} 1 \\ -\sqrt{2} \\ 1 \end{pmatrix} \cos\omega_+(t+\alpha_+)$$
$$+ a_- \begin{pmatrix} 1 \\ \sqrt{2} \\ 1 \end{pmatrix} \cos\sqrt{\omega}_-(t+\alpha_-).$$

**6-2.** (a) 両端のばねのポテンシャルエネルギーが無くなるので,

$$L = \frac{1}{2}m(\dot{x}_1^2 + \dot{x}_2^2 + \dot{x}_3^2) - \frac{1}{2}k\left((x_1 - x_2)^2 + (x_2 - x_3)^2\right) .$$

(b) ラグランジアンは

$$L = \frac{1}{2}(m\dot{x}_1^2 + M\dot{x}_2 + m\dot{x}_3^2) - \frac{1}{2}k(x_1 - x_2)^2 - \frac{1}{2}k(x_2 - x_3)^2$$

となるので, 運動方程式は

$$m\ddot{x}_1 = -k(x_1 - x_2)\ ,\quad M\ddot{x}_2 = -k(2x_2 - x_1 - x_3)\ ,\quad m\ddot{x}_3 = -k(x_3 - x_2).$$

固有モードの角振動数を $\omega$ として, それぞれの振幅を $A_i$ とすると, 固有振動の解は,

$$x_1 = A_1\cos\omega t\ ,\ x_2 = A_2\cos\omega t\ ,\ x_3 = A_3\cos\omega t$$

である. 運動方程式に代入すると

$$-\omega^2 \begin{pmatrix} mA_1 \\ MA_2 \\ mA_3 \end{pmatrix} \cos\omega t = \begin{pmatrix} -k & k & 0 \\ k & -2k & k \\ 0 & k & -k \end{pmatrix} \begin{pmatrix} A_1 \\ A_2 \\ A_3 \end{pmatrix} \cos\omega t.$$

この方程式は振幅に関する連立方程式

$$\begin{pmatrix} m\omega^2 - k & k & 0 \\ k & M\omega^2 - 2k & k \\ 0 & k & m\omega^2 - k \end{pmatrix} \begin{pmatrix} A_1 \\ A_2 \\ A_3 \end{pmatrix} = 0$$

になり，非自明な解を持つための条件が $\omega$ の固有方程式となる．これは，左辺の行列の行列式を $D$, $z = \omega^2$ として

$$D = z(mz - k)\bigl(Mmz - (2mk + Mk)\bigr) = 0$$

という条件を与える．$z = 0$ は並進運動になるので，固有角振動数は

$$\omega_1^2 = \frac{k}{m} \quad , \quad \omega_2^2 = \frac{2k}{M} + \frac{k}{m}.$$

よって，振動数の比は，

$$\frac{\omega_2}{\omega_1} = \sqrt{1 + 2\frac{m}{M}} \ .$$

**7-1.** (a) 例題 **7** (c) で得た運動方程式を行列の形に書くと

$$\begin{pmatrix} Ml_1^2 & m_2 l_1 l_2 \\ m_2 l_1 l_2 & m_2 l_2^2 \end{pmatrix} \begin{pmatrix} \ddot{\theta}_1 \\ \ddot{\theta}_2 \end{pmatrix} = -\begin{pmatrix} Mgl_1 & 0 \\ 0 & m_2 g l_2 \end{pmatrix} \begin{pmatrix} \theta_1 \\ \theta_2 \end{pmatrix}.$$

さらに，右辺の逆行列を両辺に掛けると

$$\begin{pmatrix} \frac{1}{Mgl_1} & 0 \\ 0 & \frac{1}{m_2 g l_2} \end{pmatrix} \begin{pmatrix} Ml_1^2 & m_2 l_1 l_2 \\ m_2 l_1 l_2 & m_2 l_2^2 \end{pmatrix} \begin{pmatrix} \ddot{\theta}_1 \\ \ddot{\theta}_2 \end{pmatrix} = -\begin{pmatrix} \theta_1 \\ \theta_2 \end{pmatrix}.$$

整理して $g$ を掛けると

$$\begin{pmatrix} l_1 & \frac{m_2 l_2}{M} \\ l_1 & l_2 \end{pmatrix} \begin{pmatrix} \ddot{\theta}_1 \\ \ddot{\theta}_2 \end{pmatrix} = -g\begin{pmatrix} \theta_1 \\ \theta_2 \end{pmatrix}.$$

固有振動の角振動数を $\omega$ として，$\theta_i = A_i \cos\omega t$ を運動方程式に代入すると次の固有方程式を得る．

$$\begin{pmatrix} l_1 & \frac{m_2 l_2}{M} \\ l_1 & l_2 \end{pmatrix}\begin{pmatrix} A_1 \\ A_2 \end{pmatrix} = \lambda \begin{pmatrix} A_1 \\ A_2 \end{pmatrix}.$$

ただし，$\lambda = \frac{g}{\omega^2}$ である．固有方程式は

$$\lambda^2 - (l_1 + l_2)\lambda + \frac{l_1 l_2 m_1}{M} = 0$$

で判別式 $D$ は

$$D = (l_1 + l_2)^2 - 4\frac{l_1 l_2 m_1}{M} = l_1^2 + l_2^2 + 2 l_1 l_2 \frac{m_2 - m_1}{m_2 + m_1}.$$

よって，$(l_2 - l_1)^2 < D < (l_2 + l_1)^2$ である．固有値は

$$\lambda_\pm = \frac{1}{2}(l_1 + l_2 \pm \sqrt{D}) \ .$$

これから，固有角振動数は

$$\omega_\pm = \sqrt{\frac{2g}{l_1 + l_2 \pm \sqrt{D}}}$$

である．

(b) $l_1 = l$, $l_2 = 2l$ とおき，$m_1 = m_2 = m$ とすると，発展問題 **7-1** で求めた固有方程式は

$$\begin{pmatrix} 1 & 1 \\ 1 & 2 \end{pmatrix}\begin{pmatrix} A_1 \\ A_2 \end{pmatrix} = \frac{\lambda}{l}\begin{pmatrix} A_1 \\ A_2 \end{pmatrix}.$$

固有値は，$D = 5l^2$ を使うと

$$\lambda_\pm = l\frac{3 \pm \sqrt{5}}{2}.$$

固有振動の振幅を表す固有ベクトルは

1. $\lambda_+$ の場合，角振動数は $\omega_+ = \sqrt{\frac{2g}{l(3+\sqrt{5})}}$ で固有ベクトルは

$$\boldsymbol{a}_+ = \begin{pmatrix} 1 \\ \frac{1+\sqrt{5}}{2} \end{pmatrix}.$$

2. $\lambda_-$ の場合，角振動数は $\omega_- = \sqrt{\frac{2g}{l(3-\sqrt{5})}}$ で

$$\boldsymbol{a}_- = \begin{pmatrix} 1 \\ \frac{1-\sqrt{5}}{2} \end{pmatrix}.$$

$1 < \frac{\sqrt{5}}{2} < 3$ であることから，$\omega_+ < \omega_-$ であり，それぞれ $\omega_+$ の固有振動は 2 つの振り子が同じ方向に振れる振動，$\omega_-$ の固有振動は 2 つの振り子が反対方向に振れる振動を表す．一般解は

$$\begin{pmatrix} \theta_1 \\ \theta_2 \end{pmatrix} = A\boldsymbol{a}_+ \cos(\omega_+ t + \alpha) + B\boldsymbol{a}_- \cos(\omega_- t + \beta)$$

である．ただし，$A, B, \alpha, \beta$ は積分定数である．

**7-2.** (a) おもり 1 の座標を $X$，おもり 2 の座標を $(x, y)$ とする．ただし，座標の原点はおもりの平衡点とする．図 3.2 のように，おもり 2 の振れ角を $\theta$ とすると，座標間には

$$x = X + \ell \sin\theta\ , \quad y = \ell(1 - \cos\theta)$$

という関係が成り立つ．したがって，おもり 2 の速度は

$$v_x = \dot{X} + \ell\dot{\theta}\cos\theta, \quad v_y = \ell\dot{\theta}\sin\theta.$$

よって，運動エネルギーは

$$\begin{aligned} T &= \frac{1}{2}M\dot{X}^2 + \frac{1}{2}m\Big((\dot{X} + \ell\dot{\theta}\cos\theta)^2 + (\ell\dot{\theta}\sin\theta)^2\Big) \\ &= \frac{1}{2}(M+m)\dot{X}^2 + m\ell\dot{X}\dot{\theta}\cos\theta + \frac{1}{2}m\ell^2\dot{\theta}^2. \end{aligned}$$

ポテンシャルエネルギーは

$$V = \frac{1}{2}kX^2 + mg\ell(1 - \cos\theta).$$

よって，ラグランジアンは

$$\begin{aligned} L \ &= \tfrac{1}{2}(M+m)\dot{X}^2 + m\ell\dot{X}\dot{\theta}\cos\theta + \tfrac{1}{2}m\ell^2\dot{\theta}^2 \\ &\quad - \tfrac{1}{2}kX^2 - mg\ell(1 - \cos\theta). \end{aligned}$$

(b) $\theta$ について 2 次まで展開すると

$$\begin{aligned} L \; &= \tfrac{1}{2}(M+m)\dot{X}^2 + m\ell\dot{X}\dot{\theta} + \tfrac{1}{2}m\ell^2\dot{\theta}^2 \\ &\qquad\qquad - \tfrac{1}{2}kX^2 - mg\ell\theta^2 \end{aligned}$$

となる．運動方程式は

$$\begin{cases} (M+m)\ddot{X} + m\ell\ddot{\theta} = -kX, \\ m\ell^2\ddot{\theta} + m\ell\ddot{X} = -mg\ell\theta. \end{cases}$$

**8-1.** ラグランジュ方程式のそれぞれの項は

$$\frac{d}{dt}\frac{\partial L}{\partial \dot{x}_i} = \frac{d}{dt}(m\dot{x}_i + eA_i) = m\ddot{x}_i + \frac{\partial A_i}{\partial t} + (\dot{\boldsymbol{x}}\cdot\nabla)A_i\ ,$$

$$\frac{\partial L}{\partial x_i} = e\sum_{k=1}^{3}(\nabla_i A_k)\dot{x}_k - e\nabla_i\phi\ .$$

よって，ラグランジュ方程式は

$$m\ddot{x}_i = e\sum_{k=1}^{3}\dot{x}_k(\nabla_i A_k - \nabla_k A_i) - e\left(\nabla_i\phi + \frac{\partial A_i}{\partial t}\right)$$

となり，電磁場とポテンシャルの関係を使うと

$$m\ddot{\boldsymbol{x}} = e(\dot{\boldsymbol{x}}\times\boldsymbol{B} + \boldsymbol{E})$$

を得る．

**8-2.** $z$ 方向で大きさが $B$ の静磁場を与えるベクトルポテンシャルは

$$\boldsymbol{A} = \frac{B}{2}\begin{pmatrix} -y \\ x \\ 0 \end{pmatrix}$$

で与えられる．よって，例題 **8** より，ラグランジアンは

$$L = \frac{1}{2}m(\dot{x}^2 + \dot{y}^2 + \dot{z}^2) + \frac{1}{2}eB(-y\dot{x} + x\dot{y}).$$

ラグランジュ方程式は

$$m\ddot{x} = eB\dot{y}\ ,\quad m\ddot{y} = -eB\dot{x}\ ,\quad m\ddot{z} = 0.$$

この問題は複素表示に移るのがよい．今，$z=0, \xi = x + iy$ とすると，運動方程式より，

$$m\ddot{\xi} = eB(\dot{y} - i\dot{x}) = -ieB\dot{\xi}.$$

両辺をそれぞれ時間積分すると

$$\dot{\xi} = -i\frac{eB}{m}(\xi - C).$$

ただし，$C = \alpha + \beta i$ は複素定数である．この微分方程式を解くと，

$$\xi - C = Ae^{-i(\frac{eB}{m}t+\theta_0)}.$$

ただし，$A, \theta_0$ は実定数．実部と虚部をそれぞれ書くと

$$x = A\cos\left(\frac{eB}{m}t + \theta_0\right) + \alpha,\ y = A\sin\left(\frac{eB}{m}t + \theta_0\right) + \beta$$

となる．よって粒子は，$\begin{pmatrix} x \\ y \end{pmatrix} = \begin{pmatrix} \alpha \\ \beta \end{pmatrix}$ を中心とする半径 $A$，角速度 $\omega = \frac{eB}{m}$ の円運動をする．

**9-1.** (a) 運動エネルギーは，重心運動と回転運動から

$$T = \frac{1}{2}m(R-a)^2\dot{\theta}^2 + \frac{1}{2}I\dot{\phi}^2.$$

滑らないという条件は $R\theta = a\phi$ である．また $I = \frac{1}{2}ma^2$ を使うと

$$T = \frac{1}{2}\left(m(R-a)^2 + \frac{mR^2}{2}\right)\dot{\theta}^2.$$

一方，ポテンシャルは重心の高さから

$$V = mg(1 - \cos\theta)$$

である．よって，ラグランジアンは

$$L = \frac{1}{2}\left(m(R-a)^2 + \frac{mR^2}{2}\right)\dot{\theta}^2 - mg(1 - \cos\theta)\ .$$

(b) 微小振動とすると

$$L = \frac{1}{2}\left(m(R-a)^2 + \frac{mR^2}{2}\right)\dot{\theta}^2 - \frac{1}{2}mg\theta^2\ .$$

よって，角速度

$$\omega = \sqrt{\frac{g}{\frac{3}{2}R^2 - 2aR + a^2}}$$

の単振動になる．

**10-1.** 釘の位置を原点に，座標を下向き正にとり，それぞれの端点の座標を $x, y$ とすると $x + y = l$ である．全質量が $m$ なので密度は $\lambda = \frac{m}{l}$ であり，紐の両側の長さ $x, y$ それぞれに密度を掛けると，それぞれの部分の質量が得られる．ポテンシャルはつり合い点 $x_0 = y_0 = \frac{1}{2}l$ を基準にする．端が $x$ にある部分の重心は $\frac{1}{2}x$ で，質量は $\lambda x$ なので，つり合い点に比べて得た位置エネルギーは，

$$V(x) = -\frac{1}{2}x(\lambda x)g + \frac{1}{2}\lambda x_0^2 g = -\frac{1}{2}\lambda g x^2 + \frac{1}{8}\lambda g l^2.$$

$y$ が端点の方にも同じ式が成り立つので，全ポテンシャルエネルギーは $V(x, y) = V(x) + V(y)$ である．よって，ラグランジアンは

$$L = \frac{1}{2}\lambda x\dot{x}^2 + \frac{1}{2}\lambda y\dot{y}^2 + \frac{1}{2}\lambda g(x^2 + y^2) - \frac{1}{4}\lambda g l^2.$$

$y = l - x$ を代入すると，$x$ に関するラグランジアン

$$\begin{aligned}
L &= \frac{1}{2}\lambda(x\dot{x}^2 + (l - x)\dot{x}^2) + \frac{1}{2}\lambda g(x^2 + (l - x)^2) - \frac{1}{4}\lambda g l^2 \\
&= \frac{1}{2}\lambda l\dot{x}^2 + \frac{1}{2}\lambda g(2x^2 - 2xl + l^2) - \frac{1}{4}\lambda g l^2 \\
&= \frac{1}{2}m\dot{x}^2 + \lambda g x^2 - mgx + \frac{1}{4}\lambda g l^2
\end{aligned}$$

が得られる．運動方程式は

$$m\ddot{x} = 2\lambda g x - mg$$

である．つり合い点からのずれ $z = x - \frac{l}{2}$ の方程式に書き換えると

$$\ddot{z} = \frac{2g}{l}z$$

となり，$z = e^{\pm t\sqrt{\frac{2g}{l}}}$ が解になる．よって，一般解は

$$x = Ae^{t\sqrt{\frac{2g}{l}}} + Be^{-t\sqrt{\frac{2g}{l}}} + \frac{l}{2}$$

ただし，$A, B$ は定数．

一般に $t = 0$ で初速 $\dot{x} = 0$ ならば

$$A - B = 0.$$

よって

$$x = 2A\cosh\left(t\sqrt{\frac{2g}{l}}\right) + \frac{l}{2}.$$

$t = 0$ で $x = a$ とすると

$$2A + \frac{l}{2} = a. \tag{A-1}$$

よって

$$A = \frac{a - \frac{l}{2}}{2}.$$

したがって

$$x = \left(a - \frac{l}{2}\right)\cosh\left(t\sqrt{\frac{2g}{l}}\right) + \frac{l}{2}.$$

初期値が $x = a = \frac{l}{2}$ のときにはつり合うので，解は時間変化しなくなる．

**4 章の発展問題**

**12-1.** 例題 **12** のエネルギー保存の証明で，$\dot{E}$ の右辺の最後の行に散逸のある場合の運動方程式 (3.3) を用いる．結果，散逸関数のために補正を受け，

$$\dot{E} = -\sum_i \dot{q}_i \left(\frac{\partial \mathcal{D}}{\partial \dot{q}_i}\right)$$

となり，エネルギーの減少率が散逸関数によって与えられる．

**12-2.** 前問の結果から，散逸関数が速度の 2 次の同時式とするとオイラーの定理（例題 **39** を参照）によって

$$\dot{E} = -2\mathcal{D}$$

と与えられることがわかる．

**13-1.** サイクロトロン運動の解は

$$\xi = x + iy = Ae^{i\frac{eB}{m}t + \theta_0} + (\alpha + i\beta)$$

となり，円運動をする．よって，磁場中の粒子のエネルギーは

$$E = \frac{1}{2}m(\dot{x}^2 + \dot{y}^2) = \frac{1}{2}m|\dot{\xi}|^2 = \frac{1}{2}\frac{e^2B^2}{m}A^2.$$

ただし，$A$ はサイクロトロン運動の半径（ラーモア半径）．これは速さ $|\boldsymbol{v}|$ とラーモア半径 $A$ の間の関係式 $A = \frac{m|\boldsymbol{v}|}{eB}$ を与える．

**14-1.** 変換式 (4.14) より，成分を読み取ると

$$\begin{aligned}
Q_i &= n_i \sum_{j=1}^{3}(n_j q_j) + \left(q_i - n_i \sum_{j=1}^{3}(n_j q_j)\right)\cos\alpha + \sum_{j,k=1}^{3} \epsilon_{ikj} n_k q_j \sin\alpha \\
&= \sum_{j=1}^{3}\left(n_i n_j + (\delta_{ij} - n_i n_j)\cos\alpha + \sum_{k=1}^{3}\epsilon_{ikj} n_k \sin\alpha\right) q_j.
\end{aligned}$$

よって，行列 $\Lambda$ は

$$\Lambda = \begin{pmatrix}
n_1n_1 + (1-n_1n_1)\cos\alpha & n_1n_2(1-\cos\alpha) - n_3\sin\alpha & n_1n_3(1-\cos\alpha) + n_2\sin\alpha \\
n_2n_1(1-\cos\alpha) + n_3\sin\alpha & n_2n_2 + (1-n_2n_2)\cos\alpha & n_2n_3(1-\cos\alpha) - n_1\sin\alpha \\
n_3n_1(1-\cos\alpha) - n_2\sin\alpha & n_3n_2(1-\cos\alpha) + n_1\sin\alpha & n_3n_3 + (1-n_3n_3)\cos\alpha
\end{pmatrix}$$

**14-2.** 無限小変換の行列は $\Lambda$ の微分 $\frac{\partial\Lambda}{\partial\alpha}|_{\alpha=0}$ で求まる．それぞれ次のようになる．

$$\tau = \begin{pmatrix} 0 & -n_3 & n_2 \\ n_3 & 0 & -n_1 \\ -n_2 & n_1 & 0 \end{pmatrix}$$

$$T_1 = \begin{pmatrix} 0 & 0 & 0 \\ 0 & 0 & -1 \\ 0 & 1 & 0 \end{pmatrix},\ T_2 = \begin{pmatrix} 0 & 0 & 1 \\ 0 & 0 & 0 \\ -1 & 0 & 0 \end{pmatrix},\ T_3 = \begin{pmatrix} 0 & -1 & 0 \\ 1 & 0 & 0 \\ 0 & 0 & 0 \end{pmatrix}.$$

**14-3.** 略

**14-4.** $U$ は直交行列なので $U^t = U^{-1}$．よってベクトル $\boldsymbol{q}' = U^t\boldsymbol{q}$ は，$\boldsymbol{q}$ を逆回転したベクトルなので，成分 $q_i'$ は

$$\boldsymbol{q} = U\boldsymbol{q}' = \sum_{i=1,2,3} q_i' \boldsymbol{e}_i'$$

を満たす．ただし，$\boldsymbol{e}_1' = \boldsymbol{e}_\theta$，$\boldsymbol{e}_2' = \boldsymbol{e}_\phi$，$\boldsymbol{e}_3' = \boldsymbol{e}_r$ である．よって，$\boldsymbol{Q}' = \Lambda_z\boldsymbol{q}'$ は $\boldsymbol{q}'$ を $\boldsymbol{e}_3'$ を軸に $\alpha$ 回転して得られるベクトルである．最後に $U\boldsymbol{Q}'$ は，$\boldsymbol{q}'$ を $U$ で回転したベクトルであり，結果 $\boldsymbol{e}_r = \boldsymbol{n}$ を軸として $\alpha$ 回転し

たベクトル $\boldsymbol{Q}$ に等しい．よって $\boldsymbol{Q} = U\boldsymbol{Q}' = U\Lambda_z U^t \boldsymbol{q}$ が成り立つので，$\Lambda = U\Lambda_z U^t$ が成り立つ．

**5 章の発展問題**

**15-1.** 回転行列 $U$ は直交行列なので $U^t = U^{-1}$.

$$\Lambda^{-1}\dot{\Lambda} = (U\Lambda_z U^t)^{-1}(U\dot{\Lambda}_z U^t) = (U^t)^{-1}\Lambda_z U^{-1} U\dot{\Lambda}_z U^t = U\Lambda_z \dot{\Lambda}_z U^t \ ,$$

$(\Lambda_z^t \dot{\Lambda}_z)_{ij} = -\omega\epsilon_{ij3}$ を代入すると

$$(\Lambda^{-1}\dot{\Lambda})_{ij} = -\omega \sum_{i'j'} U_{ii'}\epsilon_{i'j'3}U_{jj'} \ .$$

行列式 $\det U$ の満たす式

$$\det U \epsilon_{ijk} = \sum_{i'j'k'} U_{ii'}U_{jj'}U_{kk'}\epsilon_{i'j'k'}$$

と，回転行列は $\det U = 1$ であることから

$$\sum_k \epsilon_{ijk}U_{kk'} = \sum_{i'j'} U_{ii'}U_{jj'}\epsilon_{i'j'k'}$$

が成り立つ．よって，

$$(\Lambda^{-1}\dot{\Lambda})_{ij} = -\omega \sum_k \epsilon_{ijk}U_{k3}.$$

$U_{k3} = (\boldsymbol{e}_r)_k = n_k$ なので

$$(\Lambda^{-1}\dot{\Lambda})_{ij} = -\omega \sum_k \epsilon_{ijk}n_k.$$

行列として書くと

$$\Lambda^{-1}\dot{\Lambda} = \omega \begin{pmatrix} 0 & -n_3 & n_2 \\ n_3 & 0 & -n_1 \\ -n_2 & n_1 & 0 \end{pmatrix}.$$

変換式 (5.2) の時間微分より

$$\dot{\boldsymbol{q}} = \Lambda\dot{\boldsymbol{Q}} + \dot{\Lambda}\boldsymbol{Q} = \Lambda(\dot{\boldsymbol{Q}} + \Lambda^{-1}\dot{\Lambda}\boldsymbol{Q}).$$

上の結果より

$$(\Lambda^{-1}\dot{\Lambda}\boldsymbol{Q})_i = -\omega \sum_k \epsilon_{ijk}n_k Q_j = \omega(\boldsymbol{n}\times\boldsymbol{Q})_i \ .$$

よって

$$\dot{\boldsymbol{q}} = \Lambda(\dot{\boldsymbol{Q}} + \omega \boldsymbol{n} \times \boldsymbol{Q})$$

である．これは $\boldsymbol{\omega} = \omega \boldsymbol{n}$ とおけば式 (5.5) である．

**15-2.** 運動エネルギーは

$$\begin{aligned} T &= \frac{1}{2} m \dot{\boldsymbol{q}} \cdot \dot{\boldsymbol{q}} = \frac{1}{2} m (\Lambda(\dot{\boldsymbol{Q}} + \boldsymbol{\omega} \times \boldsymbol{Q}))^t (\Lambda(\dot{\boldsymbol{Q}} + \boldsymbol{\omega} \times \boldsymbol{Q})) \\ &= \frac{1}{2} m (\dot{\boldsymbol{Q}} + \boldsymbol{\omega} \times \boldsymbol{Q})^t (\dot{\boldsymbol{Q}} + \boldsymbol{\omega} \times \boldsymbol{Q}) \\ &= \frac{1}{2} m (\dot{\boldsymbol{Q}} \cdot \dot{\boldsymbol{Q}} + 2 \dot{\boldsymbol{Q}} \cdot \boldsymbol{\omega} \times \boldsymbol{Q} + |\boldsymbol{\omega} \times \boldsymbol{Q}|^2). \end{aligned}$$

これは，式 (5.6) で $V = 0$ としたものである．

**15-3.** 発展問題 **15-1** の結果から

$$\Lambda^{-1} \dot{\Lambda} = \omega \tau$$

である．この式の両辺に $\Lambda$ を掛けると

$$\frac{d}{dt} \Lambda = \omega \Lambda \tau$$

という行列 $\Lambda$ の満たす微分方程式を得る．これを積分すると

$$\Lambda = A e^{t \omega \tau} \quad (A \text{ は定数})$$

であるが，$t = 0$ において $\Lambda$ は単位行列になるので $A = 1$．よって

$$\Lambda = e^{t \omega \tau}.$$

$\Lambda_z$ も同様に示せる．

## 6 章の発展問題

**17-1.** ロープに沿って点 A から O 向きに働く力を $\boldsymbol{F}_{\mathrm{AO}}$，同様にその他の力も $\boldsymbol{F}_{\mathrm{AB}}, \boldsymbol{F}_{\mathrm{BP}}$ のように書くと，つり合いの条件は，

$$\boldsymbol{F}_{\mathrm{AO}} + \boldsymbol{F}_{\mathrm{AB}} - m_{\mathrm{A}} g \boldsymbol{e}_z = 0, \ \boldsymbol{F}_{\mathrm{BP}} + \boldsymbol{F}_{\mathrm{BA}} - m_B g \boldsymbol{e}_z = 0.$$

ただし，鉛直方向の単位ベクトルを $\boldsymbol{e}_z$，重力加速度を $g$ とした．

つり合い条件の水平方向は，それぞれ

$$-|\boldsymbol{F}_{\mathrm{AO}}|\cos\alpha+|\boldsymbol{F}_{\mathrm{AB}}|\cos\theta=0,\ |\boldsymbol{F}_{\mathrm{BP}}|\cos\beta-|\boldsymbol{F}_{\mathrm{AB}}|\cos\theta=0$$

となる．よって，力の水平方向はすべて等しいので，それを $K$ とする．

$$|\boldsymbol{F}_{\mathrm{AO}}|\cos\alpha=|\boldsymbol{F}_{\mathrm{BP}}|\cos\beta=|\boldsymbol{F}_{\mathrm{AB}}|\cos\theta=K.$$

一方，垂直方向は

$$|\boldsymbol{F}_{\mathrm{AO}}|\sin\alpha+|\boldsymbol{F}_{\mathrm{AB}}|\sin\theta=m_Ag,\ |\boldsymbol{F}_{\mathrm{BP}}|\sin\beta-|\boldsymbol{F}_{\mathrm{AB}}|\sin\theta=m_{\mathrm{B}}g$$

を与える．これらの式を $K$ を使って書き直すと

$$K\tan\alpha+K\tan\theta=m_{\mathrm{A}}g,\ K\tan\beta-K\tan\theta=m_{\mathrm{B}}g.$$

それぞれ，$m_{\mathrm{A}}, m_{\mathrm{B}}$ で割ると右辺は共に $g$ となり等しいので

$$\frac{\tan\alpha+\tan\theta}{m_{\mathrm{A}}}=\frac{\tan\beta-\tan\theta}{m_{\mathrm{B}}}$$

となり，

$$\frac{\tan\alpha}{m_{\mathrm{A}}}-\frac{\tan\beta}{m_{\mathrm{B}}}=\frac{m_{\mathrm{A}}+m_{\mathrm{B}}}{m_{\mathrm{A}}m_{\mathrm{B}}}\tan\theta$$

を得る．

**18-1.** $C$ の $s$ 微分は

$$\frac{dC}{ds}=\left(\frac{df'}{ds}\right)\frac{\partial F}{\partial f'}+f'\left(\frac{d}{ds}\frac{\partial F}{\partial f'}\right)-\frac{dF}{ds}.$$

2 項目にオイラー方程式を代入すると

$$\frac{dC}{ds}=\left(\frac{df'}{ds}\right)\frac{\partial F}{\partial f'}+f'\frac{\partial F}{\partial f}-\frac{dF}{ds}.$$

ところが最初の 2 項は $\frac{dF}{ds}$ なので，

$$\frac{dC}{ds}=0$$

となり，$C$ は $s$ によらない．

**18-2.** 作用の変分 (6.5) を，ラグランジアンに現れる $q_i$ と $\dot{q}_i$ の微小変化 $\delta q_i$ と $\delta\dot{q}_i$ について行う．計算は例題と同じである．

**19-1.** 図 6.3 のように $y$ 軸正方向を上向きとし，滑り台の形を $y=y(x)$ という関数で表す．原点から静かに滑り始めるので，高さ $y$ のとき運動エネルギーの

保存 $\frac{1}{2}mv^2 = -mgy$ から速さは

$$v = \sqrt{-2gy}\ .$$

$(x, y)$ における微小線分の長さは，$y' = \frac{dy}{dx}$ とすると

$$dl = \sqrt{dx^2 + dy^2} = dx\sqrt{1 + y'^2}\ .$$

よって，滑り降りるのにかかる時間は

$$T = \int_0^{x_f} \frac{dl}{v} = \int_0^{x_f} dx \frac{\sqrt{1 + y'^2}}{\sqrt{-2gy}}$$

なので，$T$ が最小になる曲線 $y = y(x)$ を求める．ここで第一積分は，被積分関数を $F$ と書くと

$$C = y' \frac{\partial F}{\partial y'} - F = \frac{1}{\sqrt{2g}} \frac{-1}{\sqrt{-y(1 + y'^2)}}$$

で定数になる．よって，求める関数は $c$ を正定数として，

$$-y(1 + y'^2) = c$$

を満たす．この微分方程式は $y' = \frac{dy}{dx}$ について解いて，微分の関係として書くと

$$dx = -\sqrt{\frac{-y}{c + y}}dy\ .$$

さらに $y$ を $y = -c\sin^2\frac{\zeta}{2}$ と変数変換すると，$x$ と $\zeta$ の関係は

$$\int dx = c\int\sqrt{\frac{\sin^2\theta}{\cos^2\theta}}\sin\theta\cos\theta d\theta = c\int\sin^2\frac{\zeta}{2}d\zeta\ ,$$

$$x = c\int\sin^2\frac{\zeta}{2}d\zeta\ ,$$

$$x = \frac{c}{2}\int(1 - \cos\zeta)d\zeta = \frac{c}{2}(\zeta - \sin\zeta)\ .$$

原点が始点なので，

$$x = \frac{c}{2}(\zeta - \sin\zeta), \quad y = -\frac{c}{2}(1 - \cos\zeta)\ .$$

よって，最速降下線はサイクロイドである（$c$ は $(x_f, y_f)$ を通るように決め

る).

### 7 章の発展問題

**20-1.** おもりの静止系での $x$ 方向の速度は $\dot{X}+\dot{x}$ なので，ラグランジアンは，

$$L=\frac{1}{2}M\dot{X}^2+\frac{1}{2}m((\dot{x}+\dot{X})^2+\dot{y}^2)-mgy+\lambda\boldsymbol{e}_\lambda\cdot\boldsymbol{r}$$

となる．ラグランジュ方程式はそれぞれの座標に関して

$$\begin{aligned}
X: &\qquad \frac{d}{dt}(M\dot{X}+m(\dot{x}+\dot{X}))=0,\\
x: &\qquad \frac{d}{dt}(m(\dot{x}+\dot{X}))=\lambda\sin\theta,\\
y: &\qquad \frac{d}{dt}m\dot{y}=-mg+\lambda\cos\theta.
\end{aligned}$$

最初の方程式は $X$ が循環座標であるために運動量保存の式であり，加速度間の関係

$$m\ddot{x}=-(M+m)\ddot{X}$$

を与える．2 番目の式と連立させると，台の加速度が

$$M\ddot{X}=-\lambda\sin\theta$$

になることがわかる．一方 $\boldsymbol{e}_\lambda\cdot\ddot{\boldsymbol{r}}=0$ より，斜面に垂直な方向

$$\begin{aligned}
m\boldsymbol{e}_\lambda\cdot\ddot{\boldsymbol{r}}&=(\lambda\sin\theta-m\ddot{X})\sin\theta+(-mg+\lambda\cos\theta)\cos\theta\\
&=\lambda-m\ddot{X}\sin\theta-mg\cos\theta=0
\end{aligned}$$

は，未定係数に関する式

$$\lambda=m\ddot{X}\sin\theta+mg\cos\theta$$

を与える．台の加速度の式の $\lambda$ に代入すると

$$M\ddot{X}=-m\ddot{X}\sin^2\theta-mg\cos\theta\sin\theta\ .$$

よって，台の加速度が

$$\ddot{X}=-\frac{mg\cos\theta\sin\theta}{M+m\sin^2\theta}$$

と定まる．一方，斜面に対する相対加速度は，例題同様に $\boldsymbol{e}_\xi$ 方向成分から

$$
\begin{aligned}
m\ddot{\boldsymbol{r}}\cdot\boldsymbol{e}_\xi &= m\cos\theta\ddot{x} - m\sin\theta\ddot{y} \\
&= (\lambda\sin\theta - m\ddot{X})\cos\theta - (-mg + \lambda\cos\theta)\sin\theta \\
&= -m\ddot{X}\cos\theta + mg\sin\theta \\
&= m\frac{mg\cos\theta\sin\theta}{M + m\sin^2\theta}\cos\theta + mg\sin\theta \\
&= \frac{m(m+M)g\sin\theta}{M + m\sin^2\theta}
\end{aligned}
$$

より，斜面に対する相対加速度は

$$
\ddot{\xi} = \ddot{\boldsymbol{r}}\cdot\boldsymbol{e}_\xi = \frac{(m+M)g\sin\theta}{M + m\sin^2\theta}
$$

である．

**21-1.** 運動方程式が $\ddot{z} = mg + \lambda$ なので，未定係数 $\lambda$ が張力である．張力 $\lambda$ の大きさは，

$$
|\lambda| = \frac{1}{3}mg
$$

である．下向きを正としているので，ヨーヨーにかかる力としては上向きとなる．

**21-2.** 例題 **10** のように，それぞれの滑車の中心から測った高さの差を $z_1, z_2 > 0$ とすると，拘束条件は

$$
z_1 + z_2 + \pi R = \ell.
$$

ただし，$R$ は滑車の半径，$\ell$ は紐の長さである．よって，ラグランジアンは

$$
L = \frac{1}{2}(m_1\dot{z}_1^2 + m_2\dot{z}_2^2) + g(m_1 z_1 + m_2 z_2) + \lambda(z_1 + z_2 - \ell')\ .
$$

ただし，$\ell' = \ell - \pi R$．運動方程式は

$$
m_1\ddot{z}_1 = m_1 g + \lambda, \quad m_2\ddot{z}_2 = m_2 g + \lambda
$$

となり，拘束条件を使うと

$$
\ddot{z}_1 + \ddot{z}_2 = 2g + \lambda\left(\frac{1}{m_1} + \frac{1}{m_2}\right) = 0.
$$

よって，未定係数は

$$\lambda = -\frac{2gm_1m_2}{(m_1+m_2)}$$

と定まる．したがって，質量 $m_1$ のおもりの加速度は

$$\ddot{z}_1 = g - \frac{2gm_2}{(m_1+m_2)} = g\frac{m_1-m_2}{m_1+m_2}$$

となり，例題 **10** と一致する．他方のおもりは $-\ddot{z}_1$ である．運動方程式より未定係数 $\lambda$ が張力とわかるので，張力は $\frac{2gm_1m_2}{m_1+m_2}$ である．

**22-1.** 中心の位置と半径は原点と終点を通ることから

$$(C_x)^2 + (C_y)^2 = \ell^2\ ,\ (x_f - C_x)^2 + (C_y)^2 = \ell^2$$

を満たす．よって

$$C_x = \frac{1}{2}x_f\ ,\quad C_y = -\sqrt{\ell^2 - \frac{x_f^2}{4}}\ .$$

**22-2.** 円弧の中心角を $\theta$ とすると，円弧の長さ $vT = \ell\theta$，弦の長さ $x_f = 2\ell\sin\frac{\theta}{2}$ の関係から

$$x_f = 2\ell\sin\frac{vT}{2\ell}$$

が半径 $\ell$ を定める．

**8 章の発展問題**

**24-1.** ラグランジアンは

$$L = \frac{1}{2}m\dot{x}^2 - \frac{1}{2}kx^2 + QEx.$$

運動量は $p_x = m\dot{x}$．ハミルトニアンは

$$\begin{aligned} H &= p_x\dot{x} - \left(\frac{1}{2}m\dot{x}^2 - \frac{1}{2}kx^2 + QEx\right) \\ &= \frac{1}{2m}p_x^2 + \frac{1}{2}kx^2 - QEx\ . \end{aligned}$$

正準方程式は

$$\dot{x} = \frac{p_x}{m}\ ,\ \ \dot{p}_x = -kx + QE.$$

**24-2.** $z$ 方向の磁場中の荷電粒子ラグランジアンは（発展問題 **8-2**）

$$L = \frac{1}{2}m(\dot{x}^2 + \dot{y}^2 + \dot{z}^2) + \frac{1}{2}eB(x\dot{y} - y\dot{x}).$$

共役運動量は

$$p_x = m\dot{x} - \frac{1}{2}eBy\ ,\ p_y = m\dot{y} + \frac{1}{2}eBx\ ,\ p_z = m\dot{z}\ .$$

これをそれぞれ速度について解いて，ハミルトニアンの定義式に代入すると

$$\begin{aligned} H &= \frac{1}{2m}\left(\left(p_x + \frac{1}{2}eBy\right)^2 + \left(p_y - \frac{1}{2}eBx\right)^2 + p_z^2\right) \\ &= \frac{1}{2m}(p_x^2 + p_y^2 + p_z^2) - \frac{eB}{2m}L_z + \frac{e^2B^2}{8m}(x^2 + y^2). \end{aligned}$$

ただし，$L_z$ は角運動量の $z$ 成分である．

**24-3.** 例題 **15** (b) よりラグランジアンは

$$L = \frac{1}{2}m(\dot{X}^2 + \dot{Y}^2 + \dot{Z}^2) + m\omega(X\dot{Y} - Y\dot{X}) + \frac{1}{2}m\omega^2(X^2 + Y^2).$$

共役運動量は

$$P_X = m\dot{X} - m\omega Y,\ P_Y = m\dot{Y} + m\omega X,\ P_Z = \dot{Z}.$$

であり，速度について解いた式 $\dot{X} = \frac{P_X}{m} + \omega Y$, $\dot{Y} = \frac{P_Y}{m} - \omega X$ を使うと，ハミルトニアンは

$$H = \frac{P_X^2 + P_Y^2 + P_Z^2}{2m} + \omega(P_X Y - P_Y X) = \frac{\boldsymbol{P}\cdot\boldsymbol{P}}{2m} - \omega L_Z.$$

正準方程式は，

$$\begin{cases} \dot{X} = \frac{P_X}{m} + \omega Y,\ \dot{Y} = \frac{P_Y}{m} - \omega X,\ \dot{Z} = \frac{P_Z}{m}, \\ \dot{P}_X = \omega P_Y,\ \dot{P}_Y = -\omega P_X,\ \dot{P}_Z = 0\ . \end{cases}$$

**25-1.** 例題 **25** (b) で求めたハミルトニアンは

$$H = \frac{p_r^2}{2m} + \frac{1}{2mr^2}\left(p_\theta^2 + \frac{p_\phi^2}{\sin^2\theta}\right) + V$$

と書ける．右辺の第 2 項の括弧内はちょうど $\boldsymbol{L}^2$ なので，定数 $\ell^2$ とすると，

動径方向のハミルトニアンは

$$H = \frac{p_r^2}{2m} + \frac{\ell^2}{2mr^2} + V\ .$$

動径座標の正準方程式は

$$\dot{r} = \frac{\partial H}{\partial p_r} = \frac{p_r}{m},\quad \dot{p}_r = -\frac{\partial H}{\partial r} = \frac{\ell^2}{mr^3} - \frac{\partial V}{\partial r}$$

となる．

**9 章の発展問題**

**27-1.** テンソル表記を使って証明をする．相空間の座標をすべて並べて $z_I = (q_1, \ldots, q_n, p_1, \ldots, p_n)$ として，添え字を通し番号で $I = 1, \ldots, 2n$ とする．また，微分を $\partial_I = (\frac{\partial}{\partial q_1}, \ldots, \frac{\partial}{\partial q_n}, \frac{\partial}{\partial p_1}, \ldots, \frac{\partial}{\partial p_n})$ と書く．さらに反対称テンソル

$$\pi_{IJ} = -\pi_{JI} = \begin{cases} J - I = n \text{ のとき} & 1\ , \\ \text{その他} & 0 \end{cases}$$

を導入すると，ポアッソン括弧は

$$\{f, g\} = \sum_{I,J=1}^{2n} \pi_{IJ}(\partial_I f)(\partial_J g)$$

と書ける．すると積の微分則より

$$\begin{aligned} &\{f, \{g, h\}\} \\ &= \sum_{I,J,K,L=1}^{2n} \pi_{IJ}\pi_{KL}(\partial_I f)(\partial_J(\partial_K g)(\partial_L h)) \\ &= \sum_{I,J,K,L=1}^{2n} \pi_{IJ}\pi_{KL}\Big((\partial_I f)(\partial_J\partial_K g)(\partial_L h) + (\partial_I f)(\partial_K g)(\partial_J\partial_L h)\Big) \end{aligned}$$

という関係式を得る．これを $(f, g, h)$ を巡回させて加える．以下では和記号を省略する．また，「巡回」と書いてある部分は $(f, g, h)$ を $(h, f, g)$ と $(g, h, f)$ の順に置換して得られる項を加えるということである．よって，ヤコビ恒等式は

$\{f,\{g,h\}\}+$ 巡回

$=\pi_{IJ}\pi_{KL}(\partial_I f)(\partial_J\partial_K g)(\partial_L h)+\pi_{IJ}\pi_{KL}(\partial_I f)(\partial_K g)(\partial_J\partial_L h)$

$+\pi_{IJ}\pi_{KL}(\partial_I g)(\partial_J\partial_K h)(\partial_L f)+\pi_{IJ}\pi_{KL}(\partial_I g)(\partial_K h)(\partial_J\partial_L f)$

$+\pi_{IJ}\pi_{KL}(\partial_I h)(\partial_J\partial_K f)(\partial_L g)+\pi_{IJ}\pi_{KL}(\partial_I h)(\partial_K f)(\partial_J\partial_L g)$

$=\pi_{IJ}\pi_{KL}(\partial_I f)(\partial_J\partial_K g)(\partial_L h)+\pi_{IJ}\pi_{KL}(\partial_I h)(\partial_K f)(\partial_J\partial_L g)+$ 巡回．

ただし，最後の右辺は $g$ の 2 階微分が現れる項を集めた．ここで，右辺の第 2 項の和をとる添え字を $I\to L, J\to K, K\to I, L\to J$ と書き換えると，

$\{f,\{g,h\}\}+$ 巡回

$=\pi_{IJ}\pi_{KL}(\partial_I f)(\partial_J\partial_K g)(\partial_L h)+\pi_{LK}\pi_{IJ}(\partial_L h)(\partial_I f)(\partial_K\partial_J g)+$ 巡回.

2 項目は $\pi_{LK}$ を除くと 1 項目と同じであり，$\pi_{LK}=-\pi_{KL}$ なので相殺する．よってヤコビ恒等式が示された．

**27-2.** 物理量が時間に依存する場合，$q_i, p_i$ の時間発展による変化と $f$ そのものの時間変化があるので

$$\frac{df}{dt}=\sum_{i=1}^{n}\left(\frac{\partial f}{\partial q_i}\dot{q}_i+\frac{\partial f}{\partial p_i}\dot{p}_i\right)+\frac{\partial f}{\partial t}$$

と書ける．正準方程式を使って，それぞれの時間微分をハミルトニアンを使って表すと

$$\frac{df}{dt}=\sum_{i=1}^{n}\left(\frac{\partial f}{\partial q_i}\frac{\partial H}{\partial p_i}-\frac{\partial f}{\partial p_i}\frac{\partial H}{\partial q_i}\right)+\frac{\partial f}{\partial t}.$$

右辺の最初の項の $\Sigma$ 以下はポアッソン括弧の定義と一致しているので，ポアッソン括弧で置き換えると，問題の式

$$\frac{df}{dt}=\{f,H\}+\frac{\partial f}{\partial t}$$

になる．

**27-3.** ハミルトニアンが $H(q_1,\ldots,q_n,p_1,\ldots,p_j,g(q_0,p_0))$ と書けているとすると，物理量 $g$ とのポアッソン括弧は，$g$ が $q_0, p_0$ のみの関数であることから

$$\{g, H\} = \sum_{i=0}^{n} \left( \frac{\partial g}{\partial q_i} \frac{\partial H}{\partial p_i} - \frac{\partial g}{\partial p_i} \frac{\partial H}{\partial q_i} \right)$$
$$= \frac{\partial g}{\partial q_0} \frac{\partial H}{\partial p_0} - \frac{\partial g}{\partial p_0} \frac{\partial H}{\partial q_0}.$$

右辺のハミルトニアンの微分の部分に合成関数の微分を使うと

$$\{g, H\} = \frac{\partial g}{\partial q_0} \left( \frac{\partial g}{\partial p_0} \frac{\partial H}{\partial g} \right) - \frac{\partial g}{\partial p_0} \left( \frac{\partial g}{\partial q_0} \frac{\partial H}{\partial g} \right)$$
$$= \left( \frac{\partial g}{\partial q_0} \frac{\partial g}{\partial p_0} - \frac{\partial g}{\partial p_0} \frac{\partial g}{\partial q_0} \right) \frac{\partial H}{\partial g}.$$

最後の括弧内は 0 なので

$$\{g, H\} = 0$$

となり，$g$ は保存量である．

**27-4.** 物理量 $f$, $g$ が保存するので

$$\{f, H\} = 0, \quad \{g, H\} = 0.$$

$\{f, g\}$ とハミルトニアンのポアッソン括弧は，ヤコビ恒等式 (9.5) を使うと

$$\{H, \{f, g\}\} + \{f, \{g, H\}\} + \{g, \{H, f\}\} = 0$$

という関係式を与える．一方，$\{g, H\} = 0$，またポアッソン括弧は反対称なので $\{H, f\} = -\{f, H\} = 0$ である．よって，後ろの 2 項はそれぞれ 0 になるので

$$\{\{f, g\}, H\} = -\{H, \{f, g\}\} = 0$$

となり，$\{f, g\}$ も保存量である．

**28-1.** 極座標におけるポアッソン括弧は

$$\{r, p_r\} = 1\ , \quad \{\theta, p_\theta\} = 1\ , \quad \{\phi, p_\phi\} = 1$$

で，その他の組合せは 0 になる．$L_z = p_\phi$ であり $\{p_\phi, f\} = -\frac{\partial f}{\partial \phi}$ なので，

$$
\begin{aligned}
\{L_z, L_x\} &= \{p_\phi, -p_\theta \sin\phi - p_\phi \cot\theta \cos\phi\} \\
&= -\frac{\partial}{\partial \phi}(-p_\theta \sin\phi - p_\phi \cot\theta \cos\phi) \\
&= p_\theta \cos\phi - p_\phi \cot\theta \sin\phi = L_y, \\
\{L_z, L_y\} &= \{p_\phi, p_\theta \cos\phi - p_\phi \cot\theta \sin\phi\} \\
&= p_\theta \sin\phi + p_\phi \cot\theta \cos\phi = -L_x.
\end{aligned}
$$

最後に

$$
\begin{aligned}
\{L_x, L_y\} &= \{-p_\theta \sin\phi - p_\phi \cot\theta \cos\phi, p_\theta \cos\phi - p_\phi \cot\theta \sin\phi\} \\
&= \{p_\theta \sin\phi, p_\phi \cot\theta \sin\phi\} - \{p_\phi \cot\theta \cos\phi, p_\theta \cos\phi\} \\
&\qquad + \{p_\phi \cot\theta \cos\phi, p_\phi \cot\theta \sin\phi\}
\end{aligned}
$$

を求める．右辺で 0 にならない部分はそれぞれ次のような項である．

$$
\begin{aligned}
&\{p_\theta \sin\phi, p_\phi \cot\theta \sin\phi\} = (p_\theta \cot\theta \sin\phi \cos\phi) - \left(p_\phi \frac{-1}{\sin^2\theta} \sin^2\phi\right), \\
&\{p_\theta \cos\phi, p_\phi \cot\theta \cos\phi\} = -(p_\theta \cot\theta \sin\phi \cos\phi) - \left(p_\phi \frac{-1}{\sin^2\theta} \cos^2\phi\right), \\
&\{p_\phi \cot\theta \cos\phi, p_\phi \cot\theta \sin\phi\} = -p_\phi \cot^2\theta.
\end{aligned}
$$

よって

$$
\{L_x, L_y\} = \frac{p_\phi}{\sin^2\theta} - p_\phi \cot^2\theta = p_\phi = L_z.
$$

以上より，角運動量間のポアッソン括弧

$$
\{L_x, L_y\} = L_z \ , \quad \{L_z, L_x\} = L_y \ , \quad \{L_y, L_z\} = L_x
$$

が極座標表示で求まった．

**28-2.** 極座標におけるハミルトニアンは

$$
H = \frac{p_r^2}{2m} + \frac{1}{2mr^2}\left(p_\theta^2 + \frac{p_\phi^2}{\sin^2\theta}\right) + V(r) = \frac{p_r^2}{2m} + \frac{\boldsymbol{L}^2}{2mr^2} + V(r)
$$

と書ける．角運動量は変数 $r$, $p_r$ を含まないので，$\boldsymbol{L}$ の各成分 $L_i$ とハミルトニアンのポアッソン括弧では，ハミルトニアンの $r$, $p_r$ は定数と同じ扱いでよいので

$$\{H, L_i\} = \frac{1}{2mr^2}\{\boldsymbol{L}^2, L_i\}.$$

角運動量間のポアッソン括弧はデカルト座標の場合と同じなので，例題 **28** (b) の関係が極座標表示でも成り立つ．よって

$$\{H, \boldsymbol{L}\} = 0$$

が成り立ち，中心力の下では角運動量は保存する．

**29-1.** ハミルトニアンは $H = \frac{1}{2m}\sum_{i=1}^{2}\Pi_i^2$ である．また，

$$\{\Pi_i, p_k\} = e\frac{\partial}{\partial x_k}\left(\frac{B}{2}\sum_{j=1}^{2}\epsilon_{ij}x_j\right) = \frac{eB}{2}\epsilon_{ik}$$

なので，それぞれ

$$\begin{cases} \dot{x}_k = \{x_k, H\} = \frac{1}{m}\sum_{i=1}^{2}\Pi_i\{x_k, \Pi_i\} = \frac{1}{m}\Pi_k, \\ \dot{p}_k = \{p_k, H\} = \frac{1}{m}\sum_{i=1}^{2}\Pi_i\{p_k, \Pi_i\} = -\frac{eB}{2m}\sum_{i=1}^{2}\epsilon_{ik}\Pi_i. \end{cases}$$

よって正準方程式は

$$\dot{x}_k = \frac{1}{m}\Pi_k, \quad \dot{p}_k = -\frac{1}{2}m\omega\sum_{i=1}^{2}\epsilon_{ik}\Pi_i.$$

ただし，$\omega = \frac{eB}{m}$ はサイクロトロン角速度である．

**29-2.** 例題 **29** (c) の結果より，$\boldsymbol{\Pi}$ の発展方程式を成分で書くと

$$\dot{\Pi}_1 = -\omega\Pi_2\ , \quad \dot{\Pi}_2 = \omega\Pi_1.$$

この 2 つの方程式は，複素変数を $\xi = x_1 + ix_2$ とし，$m\dot{\xi} = \Pi_1 + i\Pi_2$ を用いて書き換えると，$\boldsymbol{\Pi}$ の発展方程式は

$$\ddot{\xi} = -i\omega\dot{\xi}$$

となる．これは $\dot{\xi} = Ae^{-i\omega t}$ と解ける．さらに，$\dot{\xi}$ を時間積分すると

$$\xi = \frac{A}{-i\omega}e^{-i\omega t} + (C_1 + iC_2) = Re^{-i(\omega t+\alpha)} + (C_1 + iC_2)$$

が一般解になる．ただし，$(R, \alpha, C_1, C_2)$ は実数の積分定数で，$A = -i\omega Re^{-i\alpha}$ である．実部と虚部を見ると，

$$x_1 = R\cos(\omega t + \alpha) + C_1,\ x_2 = -R\sin(\omega t + \alpha) + C_2$$

となり，$(C_1, C_2)$ を中心とする半径 $R$ の円運動をすることが示せた．

**29-3.** 座標 $X_i$ は前問の中心座標 $C_i$ を解いて，$x_i$ と $\Pi_i$ で表せば得られる．複素表示では

$$X_1 + iX_2 = \xi + \frac{1}{i\omega}\dot{\xi} = x_1 + ix_2 + \frac{1}{im\omega}(\Pi_1 + i\Pi_2)$$

となるので，実部と虚部をとることで

$$X_i = x_i + \frac{1}{m\omega}\sum_{j=1}^{2}\epsilon_{ij}\Pi_j$$

と書ける．

**29-4.** 例題 **29** (a) の結果を使うと

$$\{X_i, \Pi_k\} = \{x_i, \Pi_k\} + \frac{1}{m\omega}\sum_{j=1}^{2}\epsilon_{ij}\{\Pi_j, \Pi_k\} = \delta_{ik} + \frac{eB}{m\omega}\sum_{j=1}^{2}\epsilon_{ij}\epsilon_{jk} = 0\ ,$$

$$\{X_i, x_k\} = \{x_i, x_k\} + \frac{1}{m\omega}\epsilon_{ij}\{\Pi_j, x_k\} = -\frac{1}{m\omega}\epsilon_{ik}.$$

一方，静電場があるときのハミルトニアンはポテンシャルを $\phi$ とすると

$$H = \frac{1}{2m}\sum_{i=1}^{2}\Pi_i^2 + \phi$$

で，$x_2$ 方向の静電場のポテンシャルは $\phi = -eEx_2$ で与えられる．$X_i$ の発展方程式は

$$\dot{X}_i = \{X_i, H\} = \{X_i, \phi\} = -eE\{X_i, x_2\} = \frac{eE}{m\omega}\epsilon_{i2}.$$

よって，$X_i$ の発展方程式は

$$\dot{X}_1 = \frac{eE}{m\omega} = \frac{E}{B}\ ,\quad X_2 = 0$$

であり，$x_2$ 軸正方向の静電場がかかるとサイクロトロン運動の中心は $x_1$ の方向に速さが $\frac{E}{B}$ で運動する．

**30-1.** ラグランジアン

$$L = \frac{1}{2}m\dot{x}^2 - \frac{1}{2}kx^2$$

より，共役運動量は $p = m\dot{x}$ である．よって $\omega = \sqrt{\frac{k}{m}}$ とすると，ハミルトニアンは

$$H = \frac{1}{2m}p^2 + \frac{1}{2}kx^2 = \frac{1}{2m}p^2 + \frac{1}{2}m\omega^2 x^2.$$

よって，ハミルトニアンベクトル場は

$$X_H = \frac{\partial H}{\partial p}\frac{\partial}{\partial x} - \frac{\partial H}{\partial x}\frac{\partial}{\partial p} = \frac{p}{m}\frac{\partial}{\partial x} - m\omega^2 x\frac{\partial}{\partial p}.$$

級数展開による一般解 (9.13) の関数 $f$ を $x$ として，$x$ の発展を求めるために $X_H$ による微分を計算すると

$$X_H x = \frac{p}{m},\ X_H^2 x = -\omega^2 x,\ X_H^3 x = -\omega^2\frac{p}{m},\ X_H^4 x = \omega^4 x\ ,\ldots.$$

一般に，$n$ が偶数と奇数の場合に分けて書くと

$$X_H^{2n} x = (-1)^n\omega^{2n} x\ ,\quad X_H^{2n+1} x = (-1)^n\omega^{2n}\frac{p}{m}$$

となる．よって，式 (9.13) より一般解は

$$\begin{aligned} x(t) &= \sum_{n=0}^{\infty}(-1)^n\omega^{2n}x(0)\frac{t^{2n}}{(2n)!} + \sum_{n=1}^{\infty}(-1)^n\omega^{2n}\frac{p(0)}{m}\frac{t^{2n+1}}{(2n+1)!} \\ &= x(0)\cos\omega t + \frac{p(0)}{m\omega}\sin\omega t \end{aligned}$$

である．

**30-2.** (a) 正準方程式は $H = \frac{1}{2m}p^2 + \frac{1}{2}kx^2$ より

$$\dot{x} = \frac{\partial H}{\partial p} = \frac{p}{m}\ ,\quad \dot{p} = -\frac{\partial H}{\partial x} = -kx\ .$$

この正準方程式を行列の形に書くと

$$\begin{pmatrix}\dot{x}\\ \dot{p}\end{pmatrix} = \begin{pmatrix}0 & \frac{1}{m}\\ -k & 0\end{pmatrix}\begin{pmatrix}x\\ p\end{pmatrix} \quad\Rightarrow\quad \dot{\boldsymbol{X}} = \boldsymbol{A}\boldsymbol{X}$$

と書ける．ただし，$\boldsymbol{X} = \begin{pmatrix}x\\ p\end{pmatrix}$, $\boldsymbol{A} = \begin{pmatrix}0 & \frac{1}{m}\\ -k & 0\end{pmatrix}$ である．

(b) 線形微分方程式 $\dot{\boldsymbol{X}} = \boldsymbol{A}\boldsymbol{X}$ の一般解は初期値を $\boldsymbol{X}_0 = \begin{pmatrix} x_0 \\ p_0 \end{pmatrix}$ とすると,

$$\boldsymbol{X} = e^{\boldsymbol{A}t}\boldsymbol{X}_0 = \sum_n \frac{t^n}{n!}\boldsymbol{A}^n\boldsymbol{X}_0$$

で与えられる. 級数展開の最初のいくつかの項を計算すると

$$\boldsymbol{A}^2 = -\omega^2\mathbf{1},\ \boldsymbol{A}^3 = -\omega^2\boldsymbol{A},\ \boldsymbol{A}^4 = \omega^4\mathbf{1},\ \ldots$$

で, 一般に $\boldsymbol{A}^{4n+k} = \omega^{4n}\boldsymbol{A}^k$ $(k = 0, \ldots, 3)$ である. ただし, $\mathbf{1}$ は単位行列で $\omega = \sqrt{\frac{k}{m}}$ である. よって,

$$\begin{aligned} e^{\boldsymbol{A}t} &= \mathbf{1} + t\boldsymbol{A} - \frac{t^2}{2!}\omega^2\mathbf{1} - \frac{t^3}{3!}\omega^2\boldsymbol{A} + \frac{t^4}{4!}\omega^4\mathbf{1} + \cdots \\ &= \left(1 - \frac{t^2}{2!}\omega^2 + \frac{t^4}{4!}\omega^4\cdots\right)\mathbf{1} + \left(t\omega - \frac{t^3}{3!}\omega^3 + \frac{t^5}{5!}\omega^5\cdots\right)\frac{\boldsymbol{A}}{\omega} \\ &= \begin{pmatrix} \cos\omega t & \frac{1}{m\omega}\sin\omega t \\ -\frac{k}{\omega}\sin\omega t & \cos\omega t \end{pmatrix} \end{aligned}$$

となり, 一般解は $\boldsymbol{X} = e^{\boldsymbol{A}t}\boldsymbol{X}_0$ を使えば

$$x = x_0\cos\omega t + \frac{p_0}{m\omega}\sin\omega t\ ,\quad p = p_0\cos\omega t - \frac{kx_0}{\omega}\sin\omega t$$

となる.

## 10 章の発展問題

**31-1.** 母関数の変換は

$$W_4(p, P) = W_1(q, Q) - pq + PQ\ .$$

微分関係式は

$$\begin{aligned} dW_4(p, P) &= dW_1(q, Q) - pdq - qdp + QdP + PdQ\ , \\ &= \left(\frac{\partial W_1}{\partial q} - p\right)dq + \left(\frac{\partial W_1}{\partial Q} + P\right) - qdp + QdP \end{aligned}$$

となる. タイプ 1 の変換公式を右辺に代入すると

$$dW_4(p, P) = -qdp + QdP\ .$$

よって，

$$\frac{\partial W_4(p,P)}{\partial p} = -q \ , \quad \frac{\partial W_4(p,P)}{\partial P} = Q$$

を得る．ハミルトニアンの変換も例題と同様に示せる．

**32-1.** 独立変数がタイプ 2 の母関数なので，公式より

$$Q_i = q_i + V_i t, \quad p_i = P_i - mV_i \ .$$

これは，ガリレイ変換を与えている．

**32-2.** 正準変換の公式より変換後のハミルトニアンは $H' = H + \frac{\partial W}{\partial t}$ なので，

$$H' = \sum_{i=1}^{3} \left( \frac{1}{2m}(P_i - mV_i)^2 + P_i V_i \right) = \sum_{i=1}^{3} \left( \frac{1}{2m} P_i^2 + \frac{1}{2} m V_i^2 \right)$$

である．これは，元のハミルトニアンに定数項が加わっただけなので，変換後の座標系 $(Q_i, P_i)$ においても正準方程式は同じ形になる．よって，ガリレイ変換が自由粒子系の対称性になっている．

**33-1.** (a) 母関数は

$$W(p,Q) = -p_x r \sin\theta\cos\phi - p_y r \sin\theta \sin\phi - p_z r \cos\theta$$

で与えられる．この母関数による座標の変換はタイプ 3 の正準変換の公式より

$$\begin{cases} x = -\frac{\partial W}{\partial p_x} = r\sin\theta\cos\phi \ , \\ y = -\frac{\partial W}{\partial p_y} = r\sin\theta\sin\phi \ , \\ z = -\frac{\partial W}{\partial p_z} = r\cos\theta \end{cases}$$

となり，極座標への変換を与えている．

(b) 同様にタイプ 3 の正準変換の公式より

$$\begin{cases} P_r = -\frac{\partial W}{\partial r} = p_x \sin\theta\cos\phi + p_y \sin\theta\sin\phi + p_z\cos\theta \ , \\ P_\theta = -\frac{\partial W}{\partial \theta} = p_x r\cos\theta\cos\phi + p_y r\cos\theta\sin\phi - p_z r\sin\theta \ , \\ P_\phi = -\frac{\partial W}{\partial \phi} = -p_x r\sin\theta\sin\phi + p_y r\sin\theta\cos\phi \end{cases}$$

(c) 発展問題 **33-1** (b) の解として与えられた座標変換を

$$\begin{pmatrix} P_r \\ \frac{P_\theta}{r} \\ \frac{P_\phi}{r\sin\theta} \end{pmatrix} = \begin{pmatrix} \sin\theta\cos\phi & \sin\theta\sin\phi & \cos\theta \\ \cos\theta\cos\phi & \cos\theta\sin\phi & -\sin\theta \\ -\sin\phi & \cos\phi & 0 \end{pmatrix} \begin{pmatrix} p_x \\ p_y \\ p_z \end{pmatrix}$$

のように書くことができる．ここに現れる変換行列は直交行列である．よって逆行列は転置行列で与えられる．行列 $A$ の転置行列を $A^t$ と書くと，デカルト座標の運動量は

$$\begin{pmatrix} p_x \\ p_y \\ p_z \end{pmatrix} = \begin{pmatrix} \sin\theta\cos\phi & \sin\theta\sin\phi & \cos\theta \\ \cos\theta\cos\phi & \cos\theta\sin\phi & -\sin\theta \\ -\sin\phi & \cos\phi & 0 \end{pmatrix}^t \begin{pmatrix} P_r \\ \frac{P_\theta}{r} \\ \frac{P_\phi}{r\sin\theta} \end{pmatrix}$$

である．よって

$$\begin{cases} p_x = P_r \sin\theta\cos\theta + P_\theta \frac{\cos\theta\cos\phi}{r} - P_\phi \frac{\sin\phi}{r\sin\theta}\ , \\ p_y = P_r \sin\theta\sin\phi + P_\theta \frac{\cos\theta\sin\phi}{r} + P_\phi \frac{\cos\phi}{r\sin\theta}\ , \\ p_z = P_r \cos\theta - P_\theta \frac{\sin\theta}{r} \end{cases}$$

(d) デカルト座標では，自由粒子のハミルトニアンは

$$H = \frac{1}{2m}(p_x^2 + p_y^2 + p_z^2)$$

である．一方，前問の行列表示で見たように変換が直交変換であることから，運動量ベクトルの大きさの 2 乗 $p_x^2 + p_y^2 + p_z^2$ は，回転後のベクトル $(P_r, \frac{P_\theta}{r}, \frac{P_\phi}{r\sin\theta})$ の大きさの 2 乗に等しい．また，母関数は時間に顕わによらないので $\frac{\partial W}{\partial t} = 0$ であり，

$$H'(Q, P) = \frac{1}{2m}\left(P_r^2 + \frac{P_\theta^2}{r^2} + \frac{P_\phi^2}{r^2\sin^2\theta}\right)$$

を得る．

**33-2.** 回転系への座標変換は，式 (5.4) の回転行列 $\Lambda$ を用いて

$$\boldsymbol{q} = \Lambda \boldsymbol{Q}.$$

よって，$\boldsymbol{Q} = \Lambda^{-1}\boldsymbol{q}$．母関数は，

$$
\begin{aligned}
W(q,P) &= \boldsymbol{P}\cdot(\Lambda^{-1}\boldsymbol{q}) \\
&= \boldsymbol{n}\cdot\boldsymbol{P}(\boldsymbol{n}\cdot\boldsymbol{q}) + (\boldsymbol{n}\times\boldsymbol{q})\cdot(\boldsymbol{n}\times\boldsymbol{P})\cos\omega t - \boldsymbol{P}\cdot(\boldsymbol{n}\times\boldsymbol{q})\sin\omega t.
\end{aligned}
$$

運動量の正準変換は

$$
\boldsymbol{p} = \frac{\partial W(q,P)}{\partial \boldsymbol{q}} = (\boldsymbol{P}\Lambda^{-1})^t = \Lambda\boldsymbol{P}.
$$

また，母関数の時間による偏微分は

$$
\frac{\partial W}{\partial t} = \boldsymbol{P}^t\dot{\Lambda}^{-1}\boldsymbol{q} - \boldsymbol{P}^t\dot{\Lambda}^{-1}\Lambda\boldsymbol{Q} = -\boldsymbol{P}^t\Lambda^{-1}\dot{\Lambda}\boldsymbol{Q} = -\boldsymbol{P}\cdot(\boldsymbol{\omega}\times\boldsymbol{Q})
$$

なので，ハミルトニアンは

$$
H'(Q,P) = \frac{1}{2m}\boldsymbol{P}\cdot\boldsymbol{P} + \frac{\partial W}{\partial t} = \frac{1}{2m}\boldsymbol{P}\cdot\boldsymbol{P} - \boldsymbol{P}\cdot(\boldsymbol{\omega}\times\boldsymbol{Q}).
$$

正準方程式は

$$
\begin{cases}
\dot{\boldsymbol{P}} = \{\boldsymbol{P}, H'\} = -\boldsymbol{\omega}\times\boldsymbol{P}, \\
\dot{\boldsymbol{Q}} = \{\boldsymbol{Q}, H'\} = \frac{\boldsymbol{P}}{m} - \boldsymbol{\omega}\times\boldsymbol{Q}
\end{cases}
$$

となる．組み合わせると

$$
\begin{aligned}
\ddot{\boldsymbol{Q}} &= \frac{\dot{\boldsymbol{P}}}{m} - \boldsymbol{\omega}\times\dot{\boldsymbol{Q}} = -\boldsymbol{\omega}\times\frac{\boldsymbol{P}}{m} - \boldsymbol{\omega}\times\dot{\boldsymbol{Q}} \\
&= -\boldsymbol{\omega}\times(\dot{\boldsymbol{Q}} + \boldsymbol{\omega}\times\boldsymbol{Q}) - \boldsymbol{\omega}\times\dot{\boldsymbol{Q}} \\
&= -2\boldsymbol{\omega}\times\dot{\boldsymbol{Q}} - \boldsymbol{\omega}\times(\boldsymbol{\omega}\times\boldsymbol{Q})
\end{aligned}
$$

となり式 (5.7) が求まる．

**34-1.** 変換後のハミルトニアン $H' = \omega P$ より正準方程式は

$$
\dot{Q} = \frac{\partial H'}{\partial P} = \omega,\ \ \dot{P} = -\frac{\partial H'}{\partial Q} = 0
$$

であり，その一般解は $Q_0, P_0$ を定数とすると

$$
Q = \omega t + Q_0,\ \ P = P_0
$$

となる．ただし，$P_0$ は

$$
H' = \omega P_0 = E
$$

から，系のエネルギーで表すことができる．変換の式から，調和振動子の解

$$q = \sqrt{\frac{2E}{m\omega^2}} \sin(\omega t + Q_0),\ p = \sqrt{2Em} \cos(\omega t + Q_0)$$

を得る．

**35-1．** 正準座標の微分の変換は

$$\begin{pmatrix} dq_j \\ dp_j \end{pmatrix} = \begin{pmatrix} \frac{\partial q_i}{\partial Q_j} & \frac{\partial q_i}{\partial P_j} \\ \frac{\partial p_i}{\partial Q_j} & \frac{\partial p_i}{\partial P_j} \end{pmatrix} \begin{pmatrix} dQ_i \\ dP_i \end{pmatrix} \tag{$*$}$$

と書ける．証明のため，正準座標を $2n$ 成分のベクトルにまとめて $z_I = (q_i, p_i)$，$Z_I = (Q_i, P_i)$ $(I = 1, \ldots, 2n)$ と書き，変換式 $(*)$ を $2n \times 2n$ 行列 $U_{IJ} = \frac{\partial z_I}{\partial Z_J}$ を使って

$$dz_I = \sum_{I=1}^{2n} U_{IJ} dZ_J$$

と書く．すると，関係式 (10.8) を使うことで

$$\sum_{I', J'=1}^{2n} \eta_{I'J'} U_{I'I} U_{J'J} = \eta_{IJ} \tag{$**$}$$

を示すことができる．ただし，行列 $\eta_{IJ} = \{z_I, z_J\}$ は $n \times n$ 単位行列を $\mathbf{1}_n$ とすると，$\eta = \begin{pmatrix} 0 & \mathbf{1}_n \\ -\mathbf{1}_n & 0 \end{pmatrix}$ と表される定数行列である．一方，ラグランジュ括弧式は

$$[u, v]_{qp} = \sum_{I,J=1}^{2n} \eta_{IJ} \frac{\partial z_I}{\partial u} \frac{\partial z_J}{\partial v}$$

と書ける．ここで，ラグランジュ括弧の添え字は使用した正準変数である．変数変換によって，微分は

$$\frac{\partial z_I}{\partial u} = \sum_{I'=1}^{2n} \frac{\partial z_I}{\partial Z_{I'}} \frac{\partial Z_{I'}}{\partial u} = \sum_{I'=1}^{2n} U_{II'} \frac{\partial Z_{I'}}{\partial u}$$

と変換され，ラグランジュ括弧の式に適用すると

$$[u,v]_{qp} = \sum_{I,J=1}^{2n} \eta_{IJ} \frac{\partial z_I}{\partial u}\frac{\partial z_J}{\partial v} = \sum_{I,J,I',J'=1}^{2n} (\eta_{IJ} U_{II'} U_{JJ'}) \frac{\partial Z_{I'}}{\partial u}\frac{\partial Z_{J'}}{\partial v}$$

$$= \sum_{I',J'=1}^{2n} \eta_{I'J'} \frac{\partial Z_{I'}}{\partial u}\frac{\partial Z_{J'}}{\partial v} = [u,v]_{QP}$$

となる．ここで，$(**)$ を使った．最後の式は $Q, P$ でのラグランジュ括弧なので

$$\widetilde{[u,v]_{qp}} = [\widetilde{u}, \widetilde{v}]_{QP}$$

が示された．よって，ラグランジュ括弧は正準変換で不変である．最後に $(**)$ の証明を 2 変数の場合に与えておく．左辺を行列として書くと（$U^t$ は $U$ の転置行列）

$$U\eta U^t = \begin{pmatrix} \frac{\partial q}{\partial Q} & \frac{\partial q}{\partial P} \\ \frac{\partial p}{\partial Q} & \frac{\partial p}{\partial P} \end{pmatrix} \begin{pmatrix} 0 & 1 \\ -1 & 0 \end{pmatrix} \begin{pmatrix} \frac{\partial q}{\partial Q} & \frac{\partial p}{\partial Q} \\ \frac{\partial q}{\partial P} & \frac{\partial p}{\partial P} \end{pmatrix}.$$

最後の行列のそれぞれの成分に式 (10.8) を適用すると

$$U\eta U^t = \begin{pmatrix} \frac{\partial q}{\partial Q} & \frac{\partial q}{\partial P} \\ \frac{\partial p}{\partial Q} & \frac{\partial p}{\partial P} \end{pmatrix} \begin{pmatrix} -\frac{\partial Q}{\partial p} & \frac{\partial Q}{\partial q} \\ -\frac{\partial P}{\partial p} & \frac{\partial P}{\partial q} \end{pmatrix}$$

$$= \begin{pmatrix} -\frac{\partial q}{\partial Q}\frac{\partial Q}{\partial p} - \frac{\partial q}{\partial P}\frac{\partial P}{\partial p} & \frac{\partial q}{\partial Q}\frac{\partial Q}{\partial q} + \frac{\partial q}{\partial P}\frac{\partial P}{\partial q} \\ -\frac{\partial p}{\partial Q}\frac{\partial Q}{\partial p} - \frac{\partial p}{\partial P}\frac{\partial P}{\partial p} & \frac{\partial p}{\partial Q}\frac{\partial Q}{\partial q} + \frac{\partial p}{\partial P}\frac{\partial P}{\partial q} \end{pmatrix}$$

となり，最後の行列は $\eta$ になる．

**35-2.** 相空間のある領域 $D$ の体積を，発展問題 **35-1** と同様に変数 $z_I$ を使って書くと

$$I_n = \int_D dz_1 \cdots dz_{2n}$$

となる．同様に，$Z_I$ への正準変換は微分に関して $dz_I = U_{IJ} dZ_J$ の関係を与えるので，積分変数変換に現れるヤコビアンは $U_{IJ}$ の行列式で与えられ

$$I_n = \int_D |\det U| dZ_1 \cdots dZ_{2n}$$

である．一方，発展問題 **35-1** の $(**)$ の両辺の行列式をとると

$$(\det U)^2 = 1$$

を得る．これは $|\det U| = 1$ を意味する．よって正準変換で体積は変わらない．

**11 章の発展問題**

**36-1.** ポアッソン括弧に関するチェーン則を使えば，

$$\begin{aligned}\delta f(q,p) &= \sum_i \left( \frac{\partial f}{\partial q_i} \delta q_i + \frac{\partial f}{\partial p_i} \delta p_i \right) \\ &= \sum_i \left( \frac{\partial f}{\partial q_i} \{q_i, G\} + \frac{\partial f}{\partial p_i} \{p_i, G\} \right) \\ &= \{f(q,p), G(q,p)\}.\end{aligned}$$

**37-1.** 運動量も物理量なので

$$\delta p_i = \{p_i, G\} = \{p_i, \boldsymbol{n} \cdot \boldsymbol{L}\}$$

で与えられる．

$$\{p_i, L_j\} = \sum_{k,l=1}^{3} \epsilon_{jkl} \{p_i, q_k\} p_l = -\sum_{k,l=1}^{3} \epsilon_{jkl} \delta_{ik} p_l = \sum_{l=1}^{3} \epsilon_{ijl} p_l.$$

よって，$\delta p_i = \sum_{j=1}^{3} \{p_i, n_j L_j\} = \sum_{j,l=1}^{3} n_j \epsilon_{ijl} p_l$ なので

$$\delta \boldsymbol{p} = \{\boldsymbol{p}, G\} = \boldsymbol{n} \times \boldsymbol{p}.$$

**38-1.** 全角運動量は $\boldsymbol{L} = \boldsymbol{L}_1 + \boldsymbol{L}_2$ である．すると，

$$\{q_{ai}, L_j\} = \sum_k \epsilon_{ijk} q_{ak}, \quad \{p_{ai}, L_j\} = \sum_k \epsilon_{ijk} p_{ak}$$
$$(a = 1, 2, \;\; i, j, k = x, y, z)$$

これより，$\{II, L_i\} = 0$ である．

これは，系に回転対称性があるためである．

**39-1.** ケプラー問題のポテンシャルは太陽からの距離を $r$ とすると $V(r) = -G_N \frac{Mm}{r}$ なので，ポテンシャルは $k = -1$ の斉次関数である．ただし，$M$,

$m$ はそれぞれ太陽と惑星の質量，$G_N$ はニュートン定数である．よって，ビリアル定理は

$$\langle T \rangle = -\frac{1}{2}\langle V \rangle$$

となる．円軌道として惑星の周期を $\tau$，軌道半径を $a$ とすると，

$$\langle T \rangle = \frac{1}{2}\mu\left(\frac{2\pi a}{\tau}\right)^2 .$$

ここで $\mu$ は換算質量である．一方，ポテンシャルは

$$\langle V \rangle = -G_N\frac{mM}{a} .$$

よって，ビリアル定理は周期と半径の間に

$$\frac{1}{2}\mu\left(\frac{2\pi a}{\tau}\right)^2 = \frac{1}{2}G_N\frac{mM}{a}$$

という関係を与える．整理すると

$$\frac{a^3}{\tau^2} = \frac{G_N(M+N)}{4\pi^2}$$

となり，ケプラーの第 3 法則が導かれた．

### 12 章の発展問題

**40-1.** 静止系と剛体系の角運動量の関係 $\boldsymbol{L} = R\boldsymbol{L}'$ の時間微分をとると

$$0 = \dot{\boldsymbol{L}} = \dot{R}\boldsymbol{L}' + R\dot{\boldsymbol{L}}'.$$

よって

$$\dot{\boldsymbol{L}}' = R^{-1}\dot{R}\boldsymbol{L}' = \omega' \times \boldsymbol{L}'.$$

慣性主軸を剛体系にとると

$$\omega_{i'} = \frac{L_{i'}}{I_{i'}}.$$

よって，

$$\dot{L}_{i'} = \sum_{j',k'} \epsilon_{i'j'k'}\omega_{j'}L_{k'} = \sum_{j',k'} \epsilon_{i'j'k'}\frac{L_{j'}L_{k'}}{I_{j'}} = \epsilon_{i'j'k'}\frac{L_{j'}L_{k'}}{I_{j'}}.$$

これを成分で書くと，

$$\begin{cases} \dot{L}_{x'} = \frac{I_{y'}-I_{z'}}{I_{y'}I_{z'}} L_{y'}L_{z'}, \\ \dot{L}_{y'} = \frac{I_{z'}-I_{x'}}{I_{z'}I_{x'}} L_{z'}L_{x'}, \\ \dot{L}_{z'} = \frac{I_{x'}-I_{y'}}{I_{x'}I_{y'}} L_{x'}L_{y'} \end{cases}$$

となり，トルクが無い場合のオイラー方程式 (12.27) を得る．

**41-1.** $\omega_i = \sum_{i'} R_{ij'}\omega_{j'}$ から直接計算することも可能だが，式 (12.8) にあるように $\boldsymbol{\omega}$ は反対称行列 $\dot{R}R^{-1}$ で定まり，

$$\dot{R}R^{-1} = \dot{R}R^t = -(R^t)^{-1}\dot{R}^t$$

なので，$\boldsymbol{\omega}'$ の計算で $R$ を $R^t$ に置き換え，符号を変えると $\boldsymbol{\omega}$ が求まる．一方，$R$ の定義 (12.17) で $\phi \to -\psi$, $\theta \to -\theta$, $\psi \to -\phi$ の置き換えをすると $R \to R^t$ の変換ができるので，$\boldsymbol{\omega}$ の成分は，$\boldsymbol{\omega}'$ の成分にこの置き換えを行い $-1$ を掛ければ

$$\begin{cases} \omega_x = -\dot{\theta}\sin\phi + \dot{\psi}\sin\theta\cos\phi \ , \\ \omega_y = \dot{\theta}\cos\phi + \dot{\psi}\sin\theta\sin\phi \ , \\ \omega_z = \dot{\phi} + \dot{\psi}\cos\theta \end{cases}$$

が求まる．

**42-1.** 直交行列の行列式が 1 であることから

$$R_{ii'}R_{jj'}R_{kk'}\epsilon_{i'j'k'} = \epsilon_{ijk}$$

が成り立つ．これを行列 $(T_{k'})_{i'j'} = -\epsilon_{i'j'k'}$ を使って書き直すと

$$R_{kk'}(RT_{k'}R^t)_{ij} = (T_k)_{ij} = -\epsilon_{ijk}.$$

これより，

$$\{L_i, R_{jk'}\} = \sum_{i'} R_{ii'}\{L_{i'}, R_{jk'}\} = -\sum_{i'} R_{ii'}(RT_{i'}R^tR)_{jk'} = -(T_iR)_{jk'}.$$

**42-2.** $L_i = \sum_{i'} R_{ii'}L_{i'}$ より，

$$
\begin{aligned}
\{L_{i'}, L_j\} &= \sum_{k'} \{L_{i'}, R_{jk'} L_{k'}\} = \sum_{k'} (\{L_{i'}, R_{jk'}\} L_{k'} + R_{jk'} \{L_{i'}, L_{k'}\}) \\
&= \sum_{k'} (-(RT_{i'})_{jk'} L_{k'} + R_{jk'} \{L_{i'}, L_{k'}\}) \\
&= \sum_{k'} -(-R_{jl'} \epsilon_{l'k'i'}) L_{k'} + R_{jk'} (-\epsilon_{i'k'l'} L_{l'}) = 0.
\end{aligned}
$$

$\{L_i, L_j\}$ も同様に $\sum_{i',j'} \{R_{ii'} L_{i'}, R_{jj'} L_{j'}\}$ から求めることができ，$\{L_i, L_j\} = \sum_k \epsilon_{ijk} L_k$ となる．

**42-3.** $\boldsymbol{L} = R\boldsymbol{L}'$ より，

$$
\begin{cases}
L_x = -\sin\phi p_\theta + \frac{\cos\phi}{\sin\theta} p_\psi - \frac{\cos\theta\cos\phi}{\sin\theta} p_\phi \ , \\
L_y = \cos\phi p_\theta + \frac{\sin\phi}{\sin\theta} p_\psi - \frac{\cos\theta\sin\phi}{\sin\theta} p_\phi \ , \\
L_z = p_\phi.
\end{cases}
$$

**43-1.** 剛体系での角運動量は例題 **43** (e) の $\boldsymbol{\omega}'$ より

$$
\boldsymbol{L}' = \begin{pmatrix} -I\Omega_\phi \sin\theta \cos\Omega_\psi t \\ I\Omega_\phi \sin\theta \sin\Omega_\psi t \\ I\Omega_\phi \cos\theta \end{pmatrix}.
$$

静止系での角運動量は，オイラー角を $\psi = \Omega_\psi t$, $\phi = \Omega_\phi t$ とした回転行列 $R$ によって

$$
\boldsymbol{L} = R\boldsymbol{L}' = \begin{pmatrix} 0 \\ 0 \\ I\Omega_\phi \end{pmatrix}.
$$

同様に

$$
\boldsymbol{\omega} = R\boldsymbol{\omega}' = \begin{pmatrix} \Omega_\psi \sin\theta \cos\Omega_\phi t \\ \Omega_\psi \sin\theta \sin\Omega_\phi t \\ \Omega_\psi \cos\theta + \Omega_\phi \end{pmatrix}.
$$

**43-2.** 軸対称で $p_\theta = 0$ とした場合のオイラー方程式は

$$
\begin{cases}
\dot{L}_{x'} = \frac{I - I_{z'}}{I I_{z'}} L_{z'} L_{y'} + \frac{Mg\ell}{I\Omega_\phi} L_{y'}, \\
\dot{L}_{y'} = -\frac{I - I_{z'}}{I I_{z'}} L_{z'} L_{x'} - \frac{Mg\ell}{I\Omega_\phi} L_{x'}, \\
\dot{L}_{z'} = 0.
\end{cases}
$$

よって

$$\Omega_\psi = \frac{I - I_{z'}}{II_{z'}} L_{z'} + \frac{Mg\ell}{I\Omega_\phi}$$

となる．$L_{z'}$ を代入して整理すると

$$\Omega_\psi = \frac{I - I_{z'}}{I_{z'}} \Omega_\phi \cos\theta + \frac{Mg\ell}{I_{z'}\Omega_\phi}$$

である．

**13 章の発展問題**

**44-1.** 円筒座標におけるハミルトニアンは

$$H = \frac{1}{2m}\left(p_r^2 + \frac{p_\theta^2}{r^2} + p_z^2\right) + V(\rho)$$

である．よって，主関数に関するハミルトン・ヤコビ方程式は

$$\frac{\partial S}{\partial t} + \frac{1}{2m}\left(\frac{\partial S}{\partial \rho}\right)^2 + \frac{1}{2m\rho^2}\left(\frac{\partial S}{\partial \phi}\right)^2 + \frac{1}{2m}\left(\frac{\partial S}{\partial z}\right)^2 = 0.$$

$S(r, \phi, z, t) = W_\rho(\rho) + W_\phi(\phi) + W_z(z) - Et$ を代入すると

$$\frac{1}{2m}\left(\frac{\partial W_\rho}{\partial \rho}\right)^2 + \frac{1}{2m\rho^2}\left(\frac{\partial W_\phi}{\partial \phi}\right)^2 + \frac{1}{2m}\left(\frac{\partial W_z}{\partial z}\right)^2 = E - V(\rho).$$

$\phi, z$ はそれぞれ一塊になって入っているので，それぞれの項が定数であり

$$\frac{\partial W_\phi}{\partial \phi} = \alpha_\phi\,, \quad \frac{\partial W_z}{\partial z} = \alpha_z$$

とおく．これらを代入すると，$\rho$ に関する方程式

$$\frac{1}{2m}\left(\frac{\partial W_\rho}{\partial \rho}\right)^2 + \frac{1}{2m\rho^2}\alpha_\phi^2 + \frac{1}{2m}\alpha_z^2 = E - V(\rho)$$

を得る．よって，円筒座標におけるポテンシャル $V(\rho)$ のハミルトン・ヤコビ方程式の主関数は，変数分離によって

$$S(r, \phi, z, t) = W_\rho(\rho) + \alpha_\phi \phi + \alpha_z z - Et$$

と書け，$W_\rho$ の方程式は

$$\frac{\partial W_\rho}{\partial \rho} = \sqrt{2m(E - V) - \alpha_z^2 - \frac{\alpha_\phi^2}{\rho^2}}$$

である．

**45-1.** ハミルトニアンは

$$H = \frac{1}{2m}p_z^2 + mgz$$

であり，ハミルトン・ヤコビ方程式は

$$\frac{\partial S(z,t)}{\partial t} = \frac{1}{2m}\left(\frac{\partial S(z,t)}{\partial z}\right)^2 + mgz.$$

ハミルトニアンが時間に顕わによらないので $S = W_z(z) - Et$ と変数分離できる．これをハミルトン・ヤコビ方程式に代入すると，$W_z$ の方程式

$$\frac{1}{2m}\left(\frac{\partial W_z}{\partial z}\right)^2 + mgz = E$$

を得る．$W_z$ について解くと

$$\frac{\partial W_z}{\partial z} = -\sqrt{2m(E - mgz)}$$

となる．ここで，符号の不定性は運動量の向きであり，自由落下なので下向きになるようにとる．よって，主関数は

$$S(z,E) = -\int dz\sqrt{2m(E - mgz)} - Et = \frac{2\sqrt{2}}{3\sqrt{mg}}(E - mgz)^{\frac{3}{2}} - Et$$

で与えられる．

**45-2.** $E$ を変換後の運動量とし，共役な座標を $\beta$ とすると，$S(z,E)$ は正準変換 $(z, p_z) \to (\beta, E)$ の母関数であり，

$$\beta = \frac{\partial S(z,E)}{\partial E} = \sqrt{\frac{2}{g}}\sqrt{\frac{E}{mg} - z} - t$$

を得る．ただし，$E \geq mgz$ とする．この式を $z$ について解くと

$$z(t) = -\frac{g}{2}(t + \beta)^2 + \frac{E}{mg}$$

を得る．変換後の正準座標 $\beta, E$ は初期値で定まる定数であり，

$$\dot{z}(0) = -g(t + \beta)|_{t=0} = \beta$$

と初期値 $\dot{z}(0) = 0$ より，$\beta = 0$．また $z(0) = h$ より

$$z(0) = \frac{E}{mg} = h$$

であり，$E = mgh$ と定まる．よって，解は

$$z(t) = -\frac{g}{2}t^2 + h$$

となる．

**46-1.** 例題 **46** の特性関数 $W(q, P)$ はタイプ 2 の母関数であり，タイプ 1 の母関数を得るにはルジャンドル変換

$$W_1(q, Q) = W(q, P) - QP$$

を行えばよい．ただし，右辺の $P$ は $(q, Q)$ の関数として表す必要があるので

$$Q = \frac{\partial W}{\partial P} = \arcsin\left(\sqrt{\frac{m\omega}{2P}}q\right)$$

を $P$ について解くと

$$P = \frac{m\omega q^2}{2\sin^2 Q}\ .$$

これを，$W_1$ の式に代入すると，$W$ の arcsin の項は $PQ$ になるので落ちて，

$$W_1(q, Q) = \frac{1}{2}q\sqrt{\frac{m^2\omega^2 q^2}{\sin^2 Q} - m^2\omega^2 q^2} = \frac{1}{2}q^2 m\omega\sqrt{\frac{1}{\sin^2 Q} - 1}$$
$$= \frac{m\omega q^2}{2\tan Q}$$

となり例題 **34** の母関数が得られる．

**46-2.** (a) 特性関数 $W$ に関するハミルトン・ヤコビ方程式は自由粒子のハミルトニアンより

$$\left(\frac{\partial W}{\partial q_1}\right)^2 + \left(\frac{\partial W}{\partial q_2}\right)^2 + \left(\frac{\partial W}{\partial q_3}\right)^2 = 2mE$$

である．

(b) 変数分離のために

$$W = W_1(q_1) + W_2(q_2) + W_3(q_3)$$

とする．ただし，$W_i$ は $q_i$ のみの関数である．これを代入すると

$$\frac{1}{2m}\left(\left(\frac{\partial W_1}{\partial q_1}\right)^2 + \left(\frac{\partial W_2}{\partial q_2}\right)^2 + \left(\frac{\partial W_3}{\partial q_3}\right)^2\right) = E.$$

$W_i$ の微分は独立な変数 $q_i$ のみの関数なので，それぞれの項が定数でなくてはならない．よって，$\alpha_i$ を定数として

$$\frac{\partial W_i}{\partial q_i} = \alpha_i$$

とすると，それぞれ解が

$$W_i = \alpha_i q_i$$

と求まる．よって，完全解は

$$W = \alpha_1 q_i + \alpha_2 q_2 + \alpha_3 q_3$$

である．ハミルトン・ヤコビ方程式に代入すると

$$H' = \sum_{i=1}^{3} \frac{1}{2m}(\alpha_i)^2 = E$$

であり，変換後のハミルトニアンになり，$\alpha_i$ と定数 $E$（エネルギー）の関係を与える．

# 参考図書

この問題集の執筆に当たって参考にした図書であり，また，さらに古典力学の理解を深めるためにもよい図書は


1. 古典力学，ゴールドスタイン・ポール・サーフコ，吉岡書店
2. 力学，ランダウ・リフシッツ，東京図書
3. 一般力学，山内恭彦，岩波書店


また変分法に関して詳しく説明されているのは，


4. 解析力学と変分原理，C. ランチョス，日刊工業新聞社


解析力学の数学的な側面をより深く勉強したい人は


5. 古典力学の数学的方法，V. I. アーノルド，岩波書店
6. *Fundations of Mechanics*, R. Abraham and J. E. Marsden, Westview 1978


特に，こまの問題に関しては


7. 現代解析力学入門，井田大輔，朝倉書店 (2020)


が詳しい．解析力学のさらに多くの問題の解説が


8. 古典力学の問題と解説—ゴールドスタイン（第 2 版）に基づいて（物理学叢書 別巻）


などにある．また，この問題集で取り上げた問題のいくつかは


9. 解析力学と相対論，二間瀬 敏史・綿村 哲，朝倉書店 (2010)


で詳しく議論している．

# 索 引

## 【あ】



## 【か】



## 【さ】

## 【ら】

## 著者紹介

**綿村　哲**（わたむら　さとし）

1984 年　東京大学大学院理学系研究科物理学専攻博士課程修了　博士（理学）
2021 年　東北大学大学院理学研究科准教授を退官後
現　在　東北大学大学院理学研究科客員研究者
著　書　『解析力学と相対論』共著（朝倉書店，2010）
『微積分で理解する力学と振動・波動』共著（培風館，2015）

フロー式 物理演習シリーズ 17
**解析力学**
**力学をより深く理解するために**

*Analytical Mechanics*
*For a Deeper Understanding of Mechanics*

2023 年 1 月 15 日　初版 1 刷発行

検印廃止
NDC 423.35

ISBN 978-4-320-03516-4

著　者　綿村　哲　© 2023
監　修　須藤彰三
　　　　岡　真
発行者　南條光章
発行所　**共立出版株式会社**
東京都文京区小日向 4-6-19
電話　03-3947-2511（代表）
郵便番号　112-0006
振替口座　00110-2-57035
URL www.kyoritsu-pub.co.jp
印　刷　大日本法令印刷
製　本　協栄製本

一般社団法人
自然科学書協会
会員

Printed in Japan